Verbrennungsmotor – kurz und bündig

Klaus Schreiner

Verbrennungsmotor – kurz und bündig

Klaus Schreiner
Fakultät Maschinenbau
HTWG Konstanz
Konstanz, Deutschland

ISBN 978-3-658-19425-3   ISBN 978-3-658-19426-0 (eBook)
https://doi.org/10.1007/978-3-658-19426-0

Die Deutsche Nationalbibliothek verzeichnet diese Publikation in der Deutschen Nationalbibliografie; detaillierte bibliografische Daten sind im Internet über http://dnb.d-nb.de abrufbar.

Springer Vieweg
Der Text erschien als Kapitel 70 im Handbuch Maschinenbau, 23. Auflage, herausgegeben von Alfred und Wolfgang Böge.

Lektorat: Thomas Zipsner

Gedruckt auf säurefreiem und chlorfrei gebleichtem Papier

Springer Vieweg ist Teil von Springer Nature
Die eingetragene Gesellschaft ist Springer Fachmedien Wiesbaden GmbH
Die Anschrift der Gesellschaft ist: Abraham-Lincoln-Str. 46, 65189 Wiesbaden, Germany

Vorwort

Das vorliegende Buch „Verbrennungsmotoren – kurz und bündig" führt in das große Gebiet der Verbrennungsmotoren ein. Wegen des begrenzten Umfangs handelt es sich dabei natürlich um eine Reduzierung auf wenige Themen. Es sind solche, die von allgemeinem Interesse sind. Interessierte Leserinnen und Leser werden auf die Bücher (Basshuysen & Schäfer, 2017) und (Braess & Seiffert, 2016) aus dem Springer Vieweg Verlag verwiesen. In diesem vorliegenden kurzen Überblick über Verbrennungsmotoren sind nur wenige physikalische Gleichungen und Herleitungen enthalten. Sehr viele verbrennungsmotorische Berechnungen und Beispielaufgaben sind in (Schreiner, 2015) zu finden.

Leserinnen und Lesern, die noch nie etwas über Verbrennungsmotoren gehört haben, wird empfohlen, zunächst das Kap. 1 zu lesen. Dieses ist bewusst einfach und anschaulich geschrieben, um den Zugang zum Thema zu erleichtern. Danach können gezielt weitergehende Informationen in den Kap. 2 bis 9 studiert werden. Diese Abschnitte wurden so verfasst, dass man sie nicht nacheinander lesen muss.

Klaus Schreiner   Juli 2017

Inhaltsverzeichnis

1.1 Der Verbrennungsmotor als Energieumwandlungsmaschine

Verbrennungsmotoren sind Energieumwandlungsmaschinen. Sie wandeln die chemische Energie, die in Kraft- oder Brennstoffen enthalten ist, in mechanische Energie um. Aus thermodynamischen Gründen kann die im Kraftstoff enthaltene Energie (Heizwert) nicht vollständig in mechanische Energie umgewandelt werden. Deswegen haben Verbrennungsmotoren genauso wie beispielsweise Kraftwerke immer einen Wirkungsgrad, der deutlich kleiner als 100 % ist. Das bedeutet, dass ein Teil der im Kraftstoff enthaltenen Energie in Form von Abwärme und Abgasenergie an die Umgebung abgegeben werden muss (vergleiche Abb. 1.1).

Selbst wenn man Verbrennungsmotoren verlustfrei, also ohne Reibungsverluste, ohne Ladungswechselverluste und mit einer idealen Verbrennung bauen könnte, hätten sie trotzdem einen sogenannten thermischen Wirkungsgrad von nur 60 bis 70 % (vergleiche Tab. 1.1). Mithilfe der sogenannten Vergleichsprozesse kann man diese Zahl berechnen. Die drei wichtigsten dieser Prozesse heißen Gleichraumprozess, Gleichdruckprozess und Seiligerprozess (Schreiner, 2015). Diese haben mit realen Motoren aber wenig zu tun. Letztlich sind es idealisierte Prozesse, die man mit den Methoden der Thermodynamik herleiten und mit einem Taschenrechner einfach berechnen kann. Reale Motoren simuliert man mit aufwendigen Tools, um den effektiven Wirkungsgrad zu berechnen. Dieser berücksichtigt alle Verluste im Innern des Motors und bezieht die an der Kupplung verfügbare Leistung auf die im Kraftstoff enthaltene Heizleistung.

Kritiker der Verbrennungsmotoren argumentieren gerne damit, dass Elektromotoren deutlich höhere Wirkungsgrade erreichen. Man muss dabei aber berücksichtigen, dass die Bereitstellung von elektrischer Energie häufig auch nur Wirkungsgrade in der Größenordnung von 50 % aufweist.

© Springer Fachmedien Wiesbaden GmbH 2017   1
K. Schreiner, *Verbrennungsmotor – kurz und bündig*,
https://doi.org/10.1007/978-3-658-19426-0_1

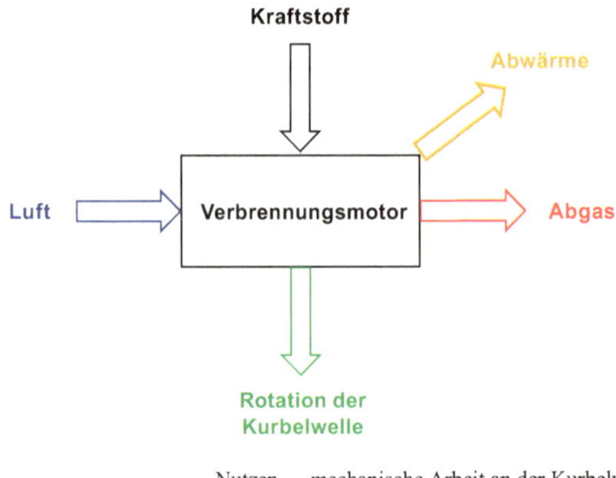

$$\text{effektiver Wirkungsgrad} = \frac{\text{Nutzen}}{\text{Aufwand}} = \frac{\text{mechanische Arbeit an der Kurbelwelle}}{\text{im Kraftstoff enthaltene Energie}}$$

Abb. 1.1 Der Verbrennungsmotor ist eine Energieumwandlungsmaschine, die einen Teil der im Kraftstoff enthaltenen Energie in Rotationsenergie umwandelt. Der Rest der Energie befindet sich in der Abwärme und im Abgas

Tab. 1.1 Effektive Wirkungsgrade von Motoren: Die großen Zahlenwerte sind im Bestpunkt des Motors zu erreichen. Im Leerlauf des Motors ist der effektive Wirkungsgrad gleich null

Motor	Wirkungsgrad in %
Thermodynamisch idealer Motor	60–70
Großer Schiffsdieselmotor	0–52
Lkw-Motor	0–45
Pkw-Diesel-Motor	0–42
Pkw-Otto-Motor	0–37

1.2 Kraftstoff benötigt Luft

1.2.1 Stöchiometrie der Kraftstoffverbrennung

Für die chemische Reaktion der Verbrennung wird Sauerstoff benötigt. Diesen entnimmt man der Luft, die Sauerstoff mit einem Massenanteil von ca. 23 % enthält. Die Stöchiometrie der chemischen Reaktion legt fest, wie viel Sauerstoff man zur Verbrennung des Kraftstoffes benötigt. Für die heute üblichen Kraftstoffe wie Benzin oder Diesel liegt die stöchiometrische Luftmenge (Mindestluftmenge) bei einem Zahlenwert von etwa 14,6 (vergleiche Abschn. 2.1.1). Das bedeutet, dass zur Verbrennung von 1 kg Kraftstoff mindestens 14,6 kg Luft benötigt werden. Mit-

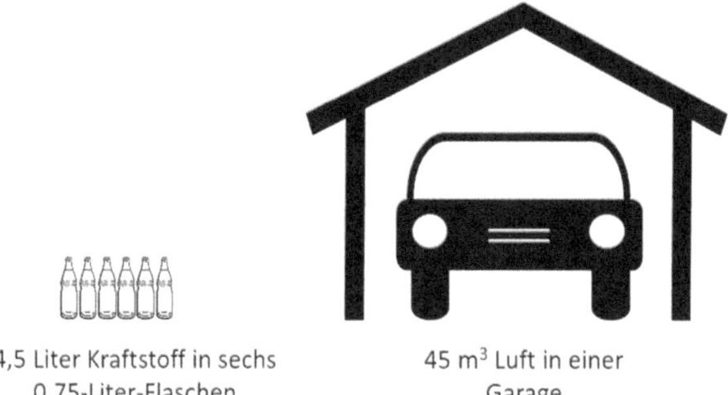

Abb. 1.2 Das zur Verbrennung von Kraftstoff benötigte Luftvolumen ist etwa 10.000-mal größer als das Kraftstoffvolumen (45 m³ sind 45.000 Liter)

hilfe der Dichte kann man diese Massen in Volumina umrechnen. Daraus ergibt sich, dass man zur Verbrennung von $1\,\mathrm{dm}^3$ Kraftstoff etwa $10\,\mathrm{m}^3$ Luft benötigt. Das Luftvolumen ist also etwa 10.000-mal größer als das Kraftstoffvolumen (vergleiche Abb. 1.2). Man kann sich gut vorstellen, dass damit das Hauptproblem der Motorentechnik nicht darin liegt, den Kraftstoff in den Zylinder zu bekommen, sondern die Luft. Wenn man die Leistung eines Verbrennungsmotors steigern möchte, indem man mehr Kraftstoff verbrennt, dann muss man entsprechend auch mehr Luft in die Zylinder des Motors bringen. Und das ist eines der großen Probleme der Verbrennungsmotoren.

1.2.2 Verschiedene Kraftstoffe

Die heutigen Verbrennungsmotoren verwenden als Kraftstoff meistens Benzin oder Diesel. Benzin ist ein Kraftstoff, der sich (im regulären Motorbetrieb) nicht von alleine entzündet. Deswegen kann man ihn vor dem Zylinder des Verbrennungsmotors (vergleiche Abschn. 1.7.1) sehr frühzeitig mit der Luft mischen, was zu einem gleichmäßigen, homogenen Gemisch führt. Das Gemisch wird im Zylinder mit einem Zündfunken (vergleiche Abschn. 1.7.1) entflammt und verbrennt relativ leise und schadstoffarm. Solche Motoren nennt man nach dem Erfinder des Prinzips auch Ottomotoren.

Dieselkraftstoff ist ein Kraftstoff, der sich in heißer Luft von alleine entzündet. Deswegen darf man ihn erst dann mit der Luft mischen, wenn die Verbrennung beginnen soll (Dieseldirekteinspritzung, vergleiche Abschn. 1.7.2). Somit ist die

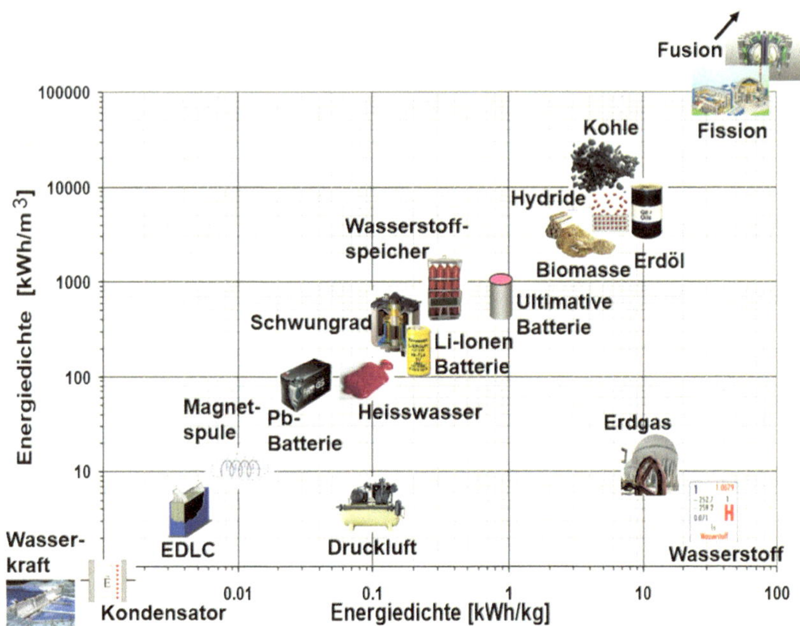

Abb. 1.3 Volumenbedarf und Gewicht von alternativen Energieträgern: Rechts sind die leichtesten und oben die platzsparendsten Energieträger zu finden [Züttel (2015)]

Zeit für die Gemischbildung sehr kurz (vergleiche Abb. 1.9), was zu einem inhomogenen Gemisch führt. Der Vorteil des Prinzips ist, dass die Verbrennung gleichzeitig an vielen Stellen im Brennraum von alleine beginnt. Das ist zwar laut, aber sehr effizient. Der Nachteil des Dieselmotors ist, dass durch das inhomogene Gemisch sehr viel schädlicher Ruß entstehen kann. Hinzu kommt, dass die Schadstoffe im Dieselabgas (speziell die Stickoxide) nicht so einfach wie beim Ottomotor (3-Wege-Katalysator, vergleiche Kap. 7) gereinigt werden können.

Benzin ist also ein Kraftstoff, der nicht von alleine anfangen darf zu brennen. Wenn er das tut, dann ist die Verbrennung sehr heftig (Klopfen) und schädlich für den Motor. Diesel ist ein Kraftstoff, der chemisch so zusammengesetzt ist, dass er bei entsprechender Temperatur von alleine anfängt zu brennen. Diese Verbrennung ist zwar heftig, aber nicht so heftig wie die Selbstzündung von Benzin. Damit Diesel von alleine anfängt zu brennen, muss man die Luft stark erhitzen. Das geschieht durch das hohe Verdichtungsverhältnis (vergleiche Abschn. 1.3.3), das bei heutigen Dieselmotoren in der Größenordnung von 16 liegt. Damit Benzin nicht von alleine anfängt zu brennen, darf man die Luft nicht zu stark erhitzen. Deswegen haben Ottomotoren heute Verdichtungsverhältnisse von maximal etwa 13.

Gerade im mobilen Einsatz ist es wichtig, dass die Energie platzsparend und bei geringem Gewicht gespeichert wird. Abb. 1.3 zeigt, wie viel Energie man in einem Volumen von 1 m^3 und bei einem Gewicht von 1 kg speichern kann. Die spezifisch leichteste Energie findet man im Diagramm ganz rechts. Die spezifisch kleinvolumigste Energie findet man ganz oben. Wenn man von der Kernenergie absieht, dann sind flüssige Kraftstoffe wie Benzin und Diesel die leichtesten und platzsparendsten Kraftstoffe, die es gibt. Sie befinden sich in Abb. 1.3 dort, wo das Erdöl eingetragen ist. Die heutigen modernen Lithium-Akkus sind etwa 25-mal schwerer als Benzin und Diesel und sie benötigen etwa 10-mal so viel Platz. (Man beachte die doppel-logarithmische Skalierung der Koordinatenachsen im Diagramm.) Die im Bild genannte „Ultimative Batterie" ist das Ziel der Batterientechnologie, das aber noch lange nicht erreicht ist. Das Problem von Gasen als Kraftstoffen ist ihr großer Volumenbedarf. Nur wenn man Gase unter einem sehr hohen Druck oder bei sehr niedrigen Temperaturen speichert, sind sie für den mobilen Einsatz praktikabel. Allerdings sind derartige Tanksysteme teuer und schwer. Gase (insbesondere Methan) haben aber den Vorteil, dass ihr Kohlenstoff-Wasserstoff-Verhältnis günstiger ist als bei Benzin oder Diesel. Deswegen produzieren sie weniger Kohlendioxid als diese flüssigen Kraftstoffe (vergleiche Kap. 8).

1.3 Prinzip des Hubkolbenmotors

Die Energieumwandlung erfolgt heute meistens in 4-Takt-Hubkolbenmotoren. Das bedeutet, dass ein Kolben in einem Zylinder oszilliert und nacheinander vier verschiedene Takte durchläuft. Die Linearbewegung des Kolbens wird über einen Kurbeltrieb in die Rotation der Kurbelwelle übertragen (vergleiche Abb. 1.4). Die Kurbelwelle selbst gibt die Rotationsenergie über die Kupplung zum Antriebsstrang weiter. Das gesamte variable Volumen, das der Kolben während seiner Längsbewegung durchläuft, heißt Hubvolumen des Zylinders. Bei einem Mehrzylindermotor ergibt sich das Motorhubvolumen als Summe der einzelnen Zylinderhubvolumina.

1.3.1 4-Takt-Verfahren

Die Verbrennung des Kraftstoffes mit dem Sauerstoff der Luft führt zu einem großen Druckanstieg, der wiederum zu einer Volumenausdehnung führt. Diese drückt den Kolben im Zylinder nach unten. Man nennt diesen Vorgang auch den

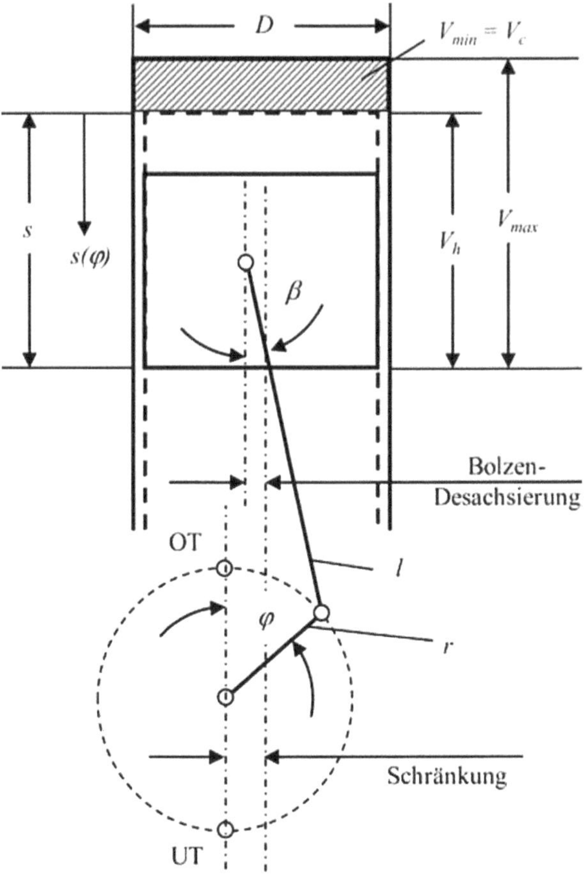

Abb. 1.4 Der Kurbeltrieb eines Hubkolbenverbrennungsmotors zeigt den Zusammenhang zwischen dem Kolbenweg s und dem Kurbelwinkel φ [Schreiner (2015)]

Verbrennungs- oder Expansionstakt. In der Nähe der tiefsten Position des Kolbens im Zylinder (unterer Totpunkt UT) öffnen die Auslassventile. Die Aufwärtsbewegung des Kolbens (Ausschiebetakt) schiebt das Abgas durch die Auslasskanäle in Richtung Auspuff. Wenn der Kolben in der Nähe des oberen Totpunktes ist, schließen die Auslassventile und die Einlassventile werden geöffnet. (Falls für eine gewisse Zeit die Ein- und die Auslassventile gleichzeitig geöffnet sind, nennt man das eine Ventilüberschneidung.) Der sich nach unten bewegende Kolben er-

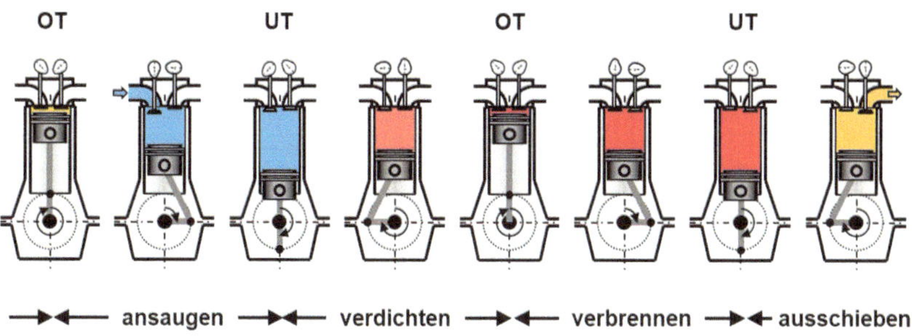

Abb. 1.5 Das 4-Takt-Verfahren benötigt zwei Motorumdrehungen für die vier Teilprozesse

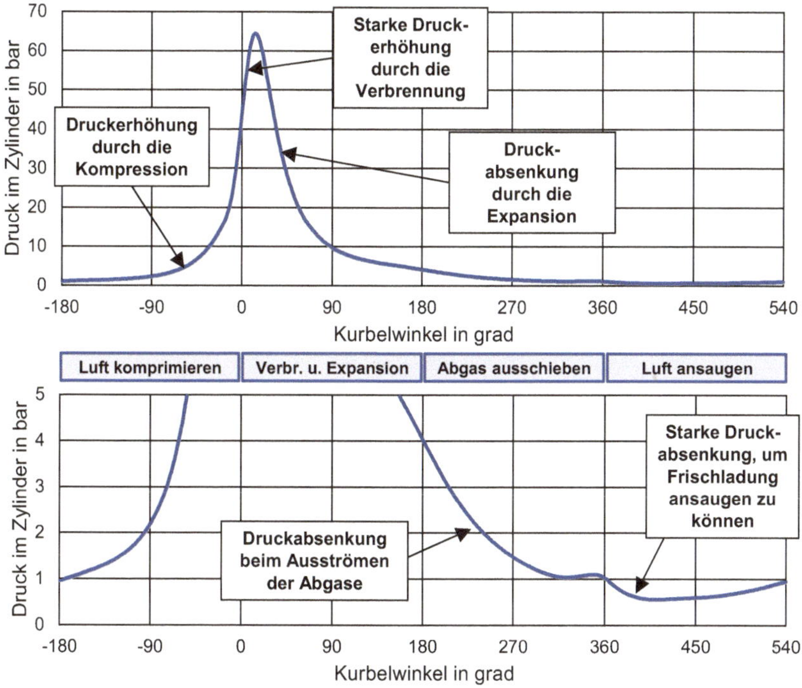

Abb. 1.6 Der Druck im Zylinder ändert sich während eines Arbeitsspiels auf eine charakteristische Weise in Abhängigkeit vom Kurbelwinkel

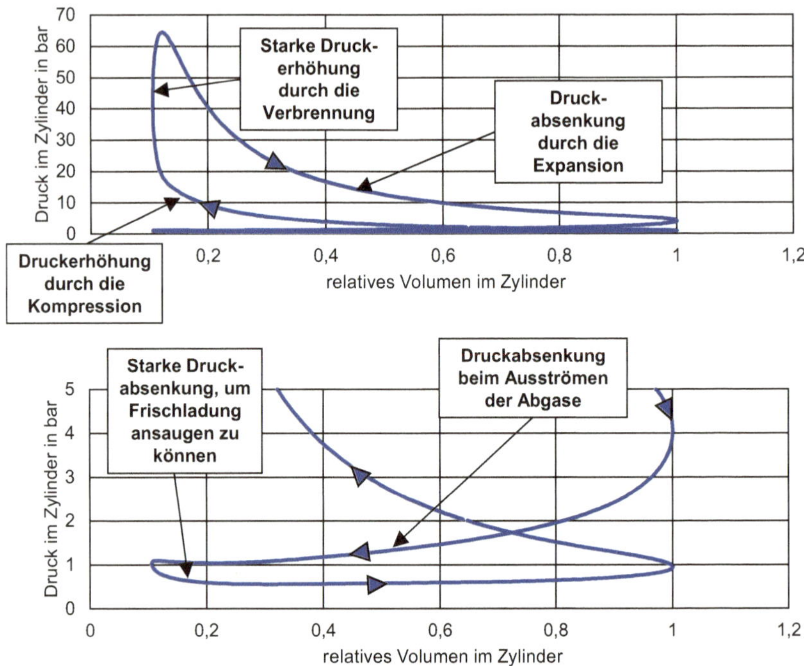

Abb. 1.7 Der Druck im Zylinder ändert sich während eines Arbeitsspiels auf eine charakteristische Weise in Abhängigkeit vom aktuellen Zylindervolumen

zeugt im Zylinder einen Unterdruck, der dann zum Ansaugen der Frischladung führt (Ansaugtakt). Mit dem Begriff „Ladung" benennt man das angesaugte Volumen. Dieses enthält immer Luft, manchmal (bei der Saugrohreinspritzung) ist es auch ein Kraftstoff-Luft-Gemisch. Nach dem Ansaugtakt bewegt sich der Kolben wieder in Richtung oberer Totpunkt (OT). In dieser Phase sind die Einlassventile geschlossen und die angesaugte Ladung wird auf einen hohen Druck verdichtet (Kompressionstakt). Gleichzeitig steigt dabei die Temperatur der Ladung. Das begünstigt die darauf folgende Verbrennung im Verbrennungstakt. Alle vier Takte gemeinsam werden Arbeitsspiel genannt (vergleiche Abb. 1.5).

Während dieser vier Takte ändert sich der Druck im Zylinder sehr. Man stellt diese Druckänderung häufig in Abhängigkeit vom Kurbelwinkel (Abb. 1.6) oder in Abhängigkeit vom Zylindervolumen (Abb. 1.7) dar.

Bezüglich Gemischbildung und Verbrennung unterscheiden sich Otto- und Dieselmotoren sehr. Abb. 1.8a zeigt die vier Takte und zusätzlich die Kraftstoffein-

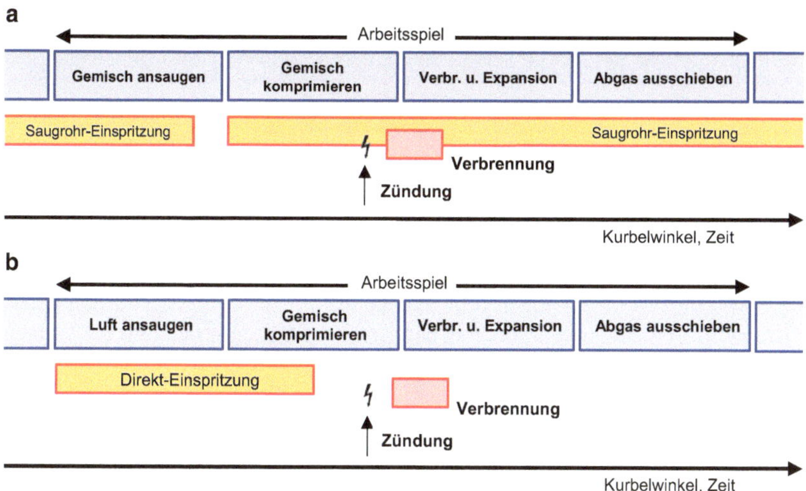

Abb. 1.8 Der 4-Takt-Ottomotor (**a**) mit Saugrohreinspritzung kann während fast des ganzen Arbeitsspiels einspritzen. Kurz vor dem oberen Totpunkt löst ein Zündfunke die Verbrennung aus, (**b**) mit Direkteinspritzung spritzt während des Ansaugtakts und eventuell auch noch während der Kompression ein. Kurz vor dem oberen Totpunkt löst ein Zündfunke die Verbrennung aus

spritzung und die Verbrennung, Man erkennt, dass die Verbrennung durch einen Zündfunken unmittelbar vorher ausgelöst wird. In der kurzen Zeitspanne zwischen Zündzeitpunkt und Verbrennungsbeginn (Zündverzug) werden die chemischen Reaktionen vorbereitet, die dann zur Verbrennung führen. Die Einspritzung des Kraftstoffes in das Saugrohr erfolgt häufig in der Phase, in der die Einlassventile geschlossen sind. Manchmal, insbesondere bei hoher Last und kleiner Drehzahl (vergleiche Abb. 1.8b), wird auch in der Einlassphase eingespritzt, damit der Kraftstoff flüssig in den Zylinder gelangt und dort durch die Verdampfung abkühlend und klopfverhindernd wirkt. Bei hoher Drehzahl und hoher Last benötigt man nahezu das gesamte Arbeitsspiel, um die große benötigte Kraftstoffmasse in der kurzen zur Verfügung stehenden Zeit einspritzen zu können.

Beim direkteinspritzenden Ottomotor darf die Einspritzung in den Zylinder erst beginnen, wenn die Auslassventile geschlossen sind. Sonst bestünde die Gefahr, dass unverbrannter Kraftstoff in das Abgassystem gelangt und den Katalysator schädigt. Weil weniger Zeit für die Einspritzung zur Verfügung steht als beim Saugrohr-Einspritzer, müssen die Einspritzdrücke höher sein. Zuweilen wird der

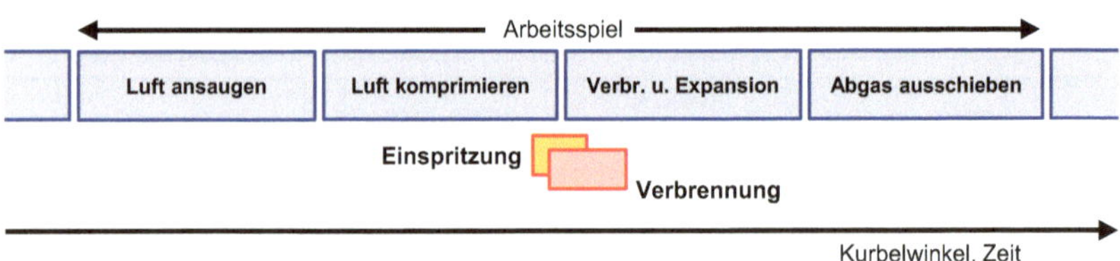

Abb. 1.9 Der 4-Takt-Dieselmotor mit Direkteinspritzung spritzt nur relativ kurz ein. Die durch Selbstzündung ausgelöste Verbrennung beginnt unmittelbar nach dem Einspritzbeginn

Kraftstoff in mehreren Portionen in den Brennraum eingespritzt, um die Verbrennung günstig zu beeinflussen.

Der Dieselmotor ist ein Selbstzünder. Deswegen darf der Kraftstoff erst dann in den Zylinder gelangen, wenn er wirklich auch brennen soll (Abb. 1.9). Beim direkteinspritzenden Dieselmotor erfolgt die Einspritzung am Ende der Kompressionsphase und dauert häufig noch an, wenn die Verbrennung schon begonnen hat.

1.3.2 2-Takt-Verfahren

Man kann erkennen, dass sich beim 4-Takt-Motor die Kurbelwelle während eines Arbeitsspiels zweimal dreht. Der 4-Takt-Prozess „gönnt sich" gewissermaßen eine komplette Umdrehung, um die Abgase auszuschieben und die Frischladung anzusaugen. Dieses Prinzip führt zu einem fast vollständigen Ausschieben der Abgase und ermöglicht somit die Füllung des Zylinders mit möglichst viel frischer Ladungsmasse. Beim 2-Takt-Motor erfolgt der Ladungswechsel am Ende der Expansionsphase in kürzester Zeit in der Nähe des unteren Totpunktes, indem Einlass- und Auslassschlitze gleichzeitig geöffnet werden. Man kann sich gut vorstellen, dass bei einem derart schnellen Ladungswechsel der Zylinder nicht vollständig von den Abgasen befreit wird. Gleichzeitig kann es zum Durchspülen kommen: Ein Teil der angesaugten Frischladung geht direkt in den Abgastrakt (Spülverluste). Dies ist besonders auch deswegen negativ, weil die meisten 2-Takt-Motoren keinen eigenen Schmierölkreislauf haben, sondern ein Kraftstoff-Öl-Gemisch tanken und auch verbrennen. Dieses Schmieröl verschlechtert die Schadstoffemissionen zusätzlich. Wegen all dieser Nachteile sind die Schadstoffemissionen von 2-Takt-Motoren viel schlechter als die von 4-Takt-Motoren. Sie können prinzipbedingt die heutigen strengen Emissionsvorschriften kaum erfüllen. Deswegen werden im Straßenverkehr die 2-Takt-Motoren immer mehr durch 4-Takt-Motoren ersetzt. Prinzipbedingt könnten 2-Takt-Motoren aber eine höhere spezifische Leistung als 4-Takt-Motoren haben, weil sie jede Motorumdrehung einen Verbrennungsvorgang haben, während der 4-Takt-Motor nur jede zweite Umdrehung arbeitet.

Bei großen Schiffsmotoren, die mit Motordrehzahlen von maximal 100/min betrieben werden, sind die 2-Takt-Motoren aber immer noch im Einsatz. Die kleinen Drehzahlen geben dem Ladungswechsel relativ viel Zeit, sodass die Abgase nahezu vollständig aus dem Zylinder entfernt werden können. Hinzu kommt, dass bei diesen Motoren ein Auslassventil im Zylinderkopf verwendet wird. Die angesaugte Frischladung strömt von unten in den Zylinder ein und schiebt gewissermaßen die Abgase vor sich her nach oben zum Auslassventil. Diese sogenannten „Langsamläufer" sind mit effektiven Wirkungsgraden von deutlich über 50 % die effizientesten Energieumwandlungsmaschinen, die es weltweit gibt. Sie werden in Tank- und in Containerschiffen eingesetzt.

1.3.3 Verdichtungsverhältnis

Das Verdichtungsverhältnis ε beschreibt, um welchen Faktor das angesaugte Ladungsvolumen bei der Aufwärtsbewegung des Kolbens vom UT zum OT verkleinert wird (vergleiche Abb. 1.10). Je mehr das Volumen verkleinert wird, umso stärker steigen der Druck und die Temperatur der Ladung an. Typische Zahlenwerte für das Verdichtungsverhältnis sind in Abschn. 2.2 zu finden.

1.3.4 Nachteil des Hubkolbenprinzips durch den bewegten Kolben

Ein großes Problem des Hubkolbenprinzips ist der oszillierende Kolben. Bei seiner Auf- und Abbewegung wird der Kolben ständig beschleunigt und wieder abgebremst (vergleiche Abb. 1.11). Das führt gemäß dem Newtonschen Gesetz zu extrem großen Massenkräften und sich daraus ergebenden Momenten, die sich als Schütteln und Vibrieren des Hubkolbenmotors äußern. Man unterscheidet zwischen Kräften und Momenten erster und zweiter Ordnung. Die Kräfte und Momente erster Ordnung wiederholen sich bei jeder Kurbelwellenumdrehung. Die der zweiten Ordnung wiederholen sich doppelt so schnell, also jede halbe Kurbelwellenumdrehung.

Um diese Kräfte und Momente zu kompensieren, benötigt man eine größere Anzahl von Zylindern, die aber nicht gleichzeitig, sondern in gewissen Zündabständen nacheinander arbeiten. So können sich die Kräfte und Momente gegenseitig ausgleichen. Die kleinste Anzahl von Zylindern, bei denen ein vollkommener Massenausgleich möglich ist, ist sechs. Beim 6-Zylinder-Reihenmotor und beim

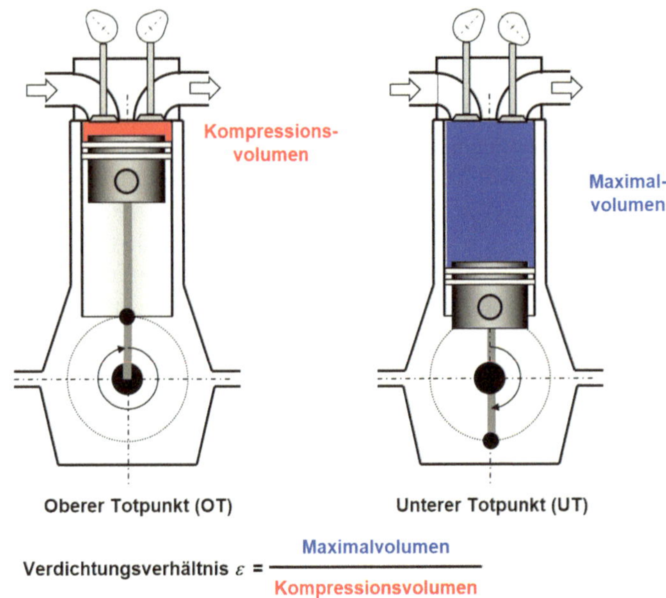

Abb. 1.10 Definition des Verdichtungsverhältnisses als Verhältnis von Maximalvolumen zu Minimalvolumen

6-Zylinder-Boxermotor kompensieren sich die Massenkräfte und -momente aller Zylinder gegenseitig. Beim 6-Zylinder-V-Motor ist das nicht der Fall. Bei diesem V6-Motor und auch bei kleineren Zylinderzahlen oder auch beim V8-Motor benötigt man sogenannte Massenausgleichswellen (vergleiche Abb. 1.12). Diese rotieren mit einfacher oder doppelter Kurbelwellendrehzahl. Sie erzeugen eine Unwucht, die (je nach Zylinderzahl) die Massenwirkungen erster oder zweiter Ordnung teilweise oder vollständig kompensieren.

1.3.5 Drehzahl-Ungleichförmigkeit

Beim 4-Takt-Verfahren gibt der Zylinder nur während eines Viertels des Arbeitsspiels Arbeit ab. In der restlichen Zeit wird Arbeit benötigt, insbesondere in der Kompressionsphase. Das bedeutet, dass ein Ein-Zylinder-Motor eine relativ hohe Drehzahlungleichförmigkeit aufweist. Während eines Arbeitsspiels wird die mittlere Drehzahl des Motors von einer Drehzahlanhebung im Verbrennungstakt

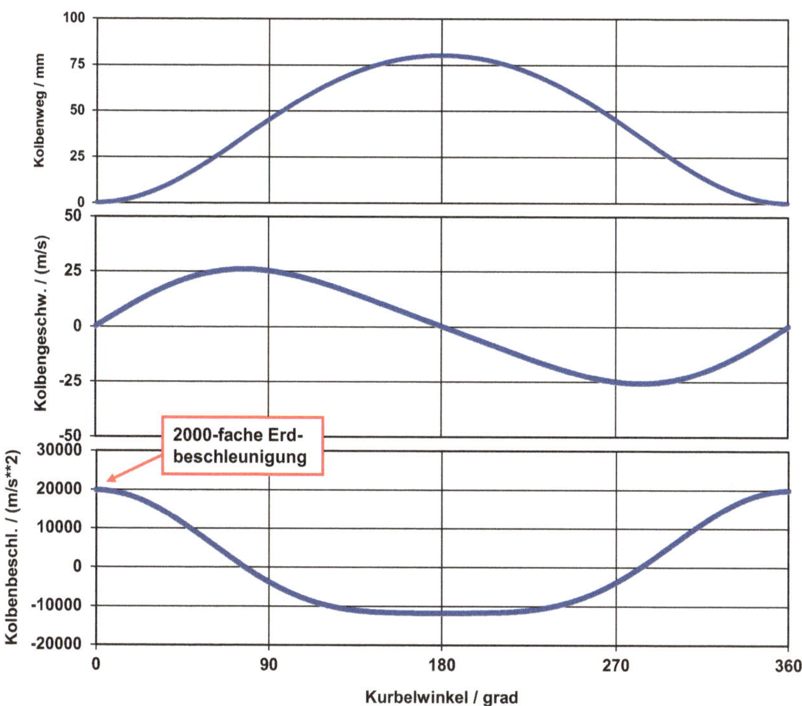

Abb. 1.11 Kolbenweg, Kolbengeschwindigkeit und Kolbenbeschleunigung in Abhängigkeit vom Kurbelwinkel während einer Umdrehung: Beim handelsüblichen Pkw-Ottomotor liegen die Kolbenbeschleunigungen bei Maximaldrehzahl in einer Größenordnung von etwa der 2000-fachen Erdbeschleunigung

und einer Drehzahlabnahme während der anderen Takte überlagert. Je mehr Zylinder gemeinsam und nacheinander ihre Arbeit an eine gemeinsame Kurbelwelle abgeben, umso laufruhiger ist der Motor. Deswegen werden gerade bei hochwertigen Fahrzeugen gerne Motoren mit sechs, acht oder zwölf Zylindern eingesetzt. Abb. 1.13 zeigt den sogenannten Tangentialkraftverlauf bei einem Einzylinder-, einem Vierzylinder- und einem Zwölfzylinder-Motor.

Die Höhe der mittleren Tangentialkraft bestimmt das Drehmoment des Motors. Die Schwankung der Tangentialkraft um diesen mittleren Wert herum bestimmt die Drehzahlungleichförmigkeit. Wie groß der Einfluss auf die Drehzahl ist, hängt vom Massenträgheitsmoment des Motors und der angebauten Teile des Antriebsstrangs ab.

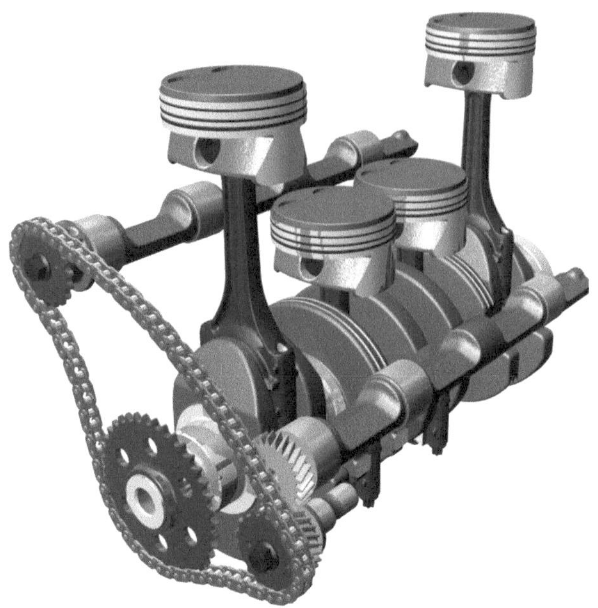

Abb. 1.12 Zwei gegenläufige Massenausgleichswellen rotieren mit doppelter Motordrehzahl und kompensieren beim 4-Takt-Reihenmotor die Massenkräfte 2. Ordnung [Neukirchner et al. (2003)]

Diese Drehzahlungleichförmigkeit unterscheidet den Verbrennungsmotor wesentlich von seinen Konkurrenten „Elektromotor" oder „Gasturbine". Diese geben ihr Moment kontinuierlich an den Verbraucher ab und weisen somit eine große Laufruhe auf.

1.3.6 Vorteil des Hubkolbenprinzips

Der bewegte Kolben ist nicht nur ein Nachteil des Hubkolbenprinzips (Massenkräfte, vergleiche Abschn. 1.3.4). Der bewegte Kolben hat auch einen großen Vorteil. Durch ihn ist es möglich, dass im gleichen Raum, nämlich dem Zylinder, nacheinander sehr heiße Prozesse (Verbrennung) und relativ kalte Prozesse (Ansaugen der Frischladung) durchgeführt werden. Die hohen Verbrennungstemperaturen in einer Größenordnung von ca. 3000 K können die Materialien nicht zerstören, weil bereits wenige Millisekunden später kalte Frischladung den Brennraum wieder

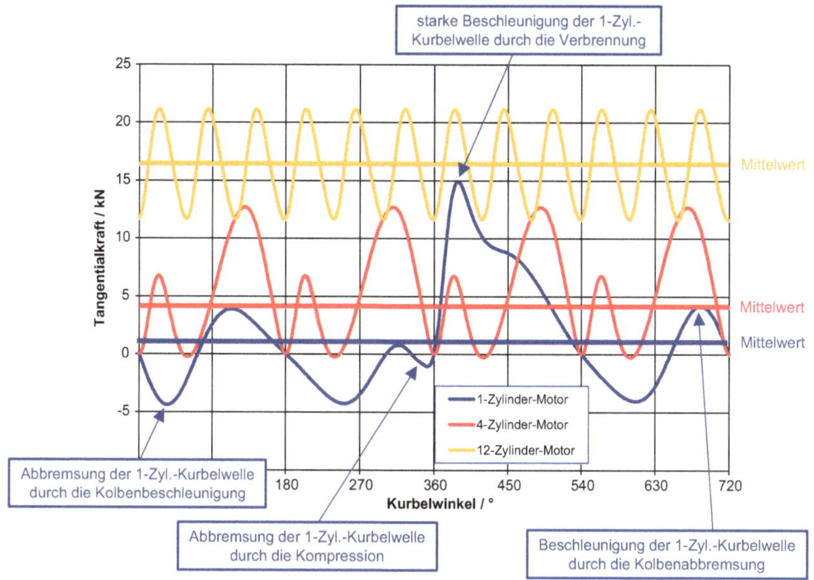

Abb. 1.13 Tangentialkraftverlauf während eines Arbeitsspiels beim 1-Zylinder-, 4-Zylinder- und 12-Zylinder-Motor: Beim 12-Zylinder-Motor befindet sich die mittlere Tangentialkraft auf einem 12-mal höheren Niveau als beim 1-Zylinder-Motor. Gleichzeitig ist die relative Ungleichförmigkeit deutlich geringer

kühlt (vergleiche Abb. 1.14). Letztlich kühlt sich ein Hubkolbenmotor gewissermaßen fast von alleine. Die einfachen Verbrennungsmotoren von Kleinkrafträdern oder Rasenmähern besitzen deswegen auch nur wenige Kühlrippen, um die Abwärme an die Umgebungsluft abzuführen. Dieses einfache Prinzip der Selbstkühlung ist einer der Gründe, warum der Hubkolbenmotor bis heute nicht durch andere Energieumwandlungsmaschinen ersetzt wurde.

1.3.7 Konstruktive Details von Hubkolbenmotoren

Die folgenden Bilder zeigen einige konstruktive Details von Verbrennungsmotoren.

Abb. 1.15 zeigt typische Zylinderanordnungen. Reihenmotoren werden im Pkw-Bereich nur bis zu sechs Zylindern verwendet. Sie werden sonst zu lang. V-Motoren haben den Vorteil, dass ihre Baulänge relativ kurz ist. Allerdings wer-

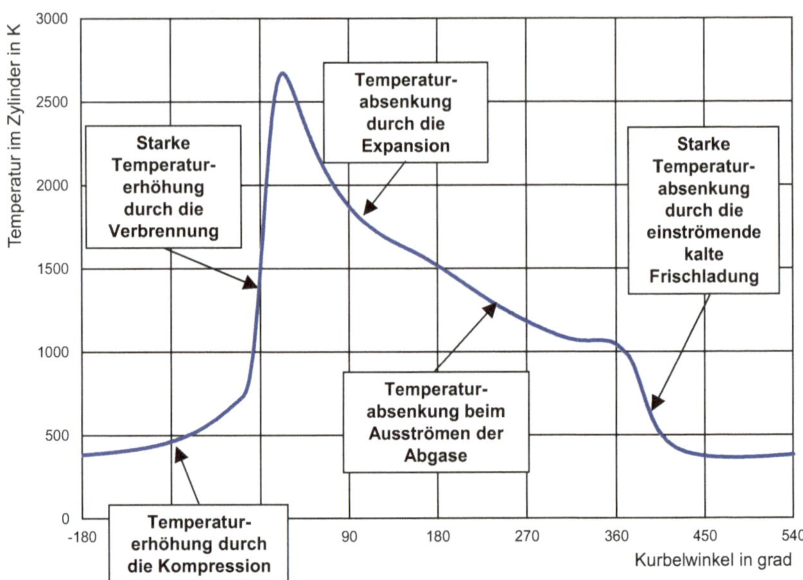

Abb. 1.14 Die Temperatur im Zylinder ändert sich während eines Arbeitsspiels auf eine charakteristische Weise in Abhängigkeit vom Kurbelwinkel

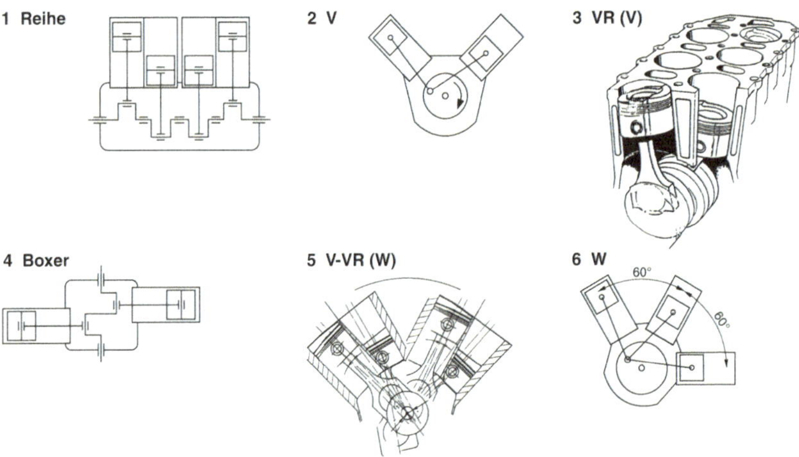

Abb. 1.15 Verschiedene Zylinderanordnungen: 1: Reihenmotor / 2: V-Motor / 3: VR-Motor / 4: Boxermotor / 5: V-VR-Motor (auch W-Motor genannt) / 6: W-Motor. Am weitesten verbreitet sind Reihen- und V-Motoren [Braess und Seiffert (2013)]

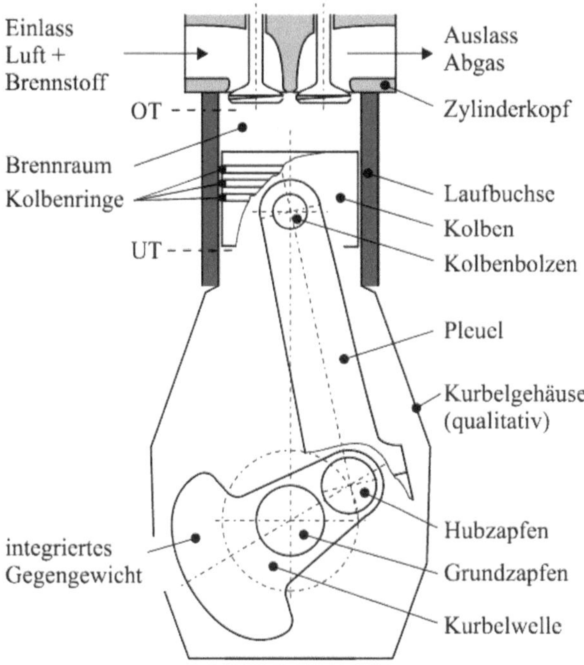

Abb. 1.16 Querschnitt durch einen Hubkolbenverbrennungsmotor: Man beachte, dass in dieser Prinzipskizze weder Zündkerze noch Einspritzdüse zu sehen sind [Merker und Teichmann (2014)]

den sie dadurch breiter. Boxermotoren haben eine sehr geringe Bauhöhe und sind damit besonders für sportliche Fahrzeuge mit einem tiefen Schwerpunkt geeignet. VR- und W-Motoren sind sehr kompakt. Allerdings sitzen die einzelnen Zylinder so nahe beieinander, dass die gleichmäßige Kühlung der Zylinder eine große Herausforderung darstellt.

Abb. 1.16 zeigt in einem Querschnitt durch einen Hubkolbenverbrennungsmotor wichtige Bauteile wie Kolben, Pleuelstange und Kurbelwelle. Abb. 1.17 zeigt den Längsschnitt durch einen Dieselmotor. Man kann insbesondere die Kröpfungen der Kurbelwelle und die Nockenwelle erkennen. Weitere konstruktive Details werden im Kap. 3 behandelt.

Bild 1

1 Nockenwelle
2 Ventile
3 Kolben
4 Einspritzsystem
5 Zylinder
6 Abgasrückführung
7 Ansaugrohr
8 Lader (hier
   Abgasturbolader)
9 Abgasrohr
10 Kühlsystem
11 Pleuelstange
12 Schmiersystem
13 Motorblock
14 Kurbelwelle
15 Schwungmasse

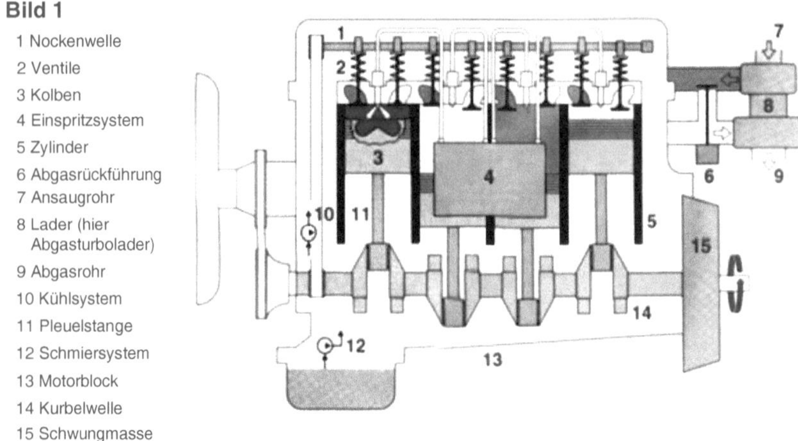

Abb. 1.17   Längsschnitt durch einen Dieselmotor [Reif (2015a)]

1.4   Luftversorgung des Verbrennungsmotors

1.4.1   Der Verbrennungsmotor als Luftpumpe

Verbrennungsmotoren kann man sich gewissermaßen als „Luftpumpe" vorstellen. Wenn ein Verbrennungsmotor ein Hubvolumen von beispielsweise $2\,dm^3$ hat, dann saugt er im Idealfall $2\,dm^3$ Luft oder Kraftstoff-Luft-Gemisch pro Arbeitsspiel an. Diesem Luftvolumen entspricht gemäß der Stöchiometrie ein bestimmtes Kraftstoffvolumen. Wenn dieses mit einem gewissen Wirkungsgrad verbrennt, dann ergibt sich das zu dieser Motorgröße passende effektive Motordrehmoment, das der Motor abgeben kann. Wenn man dieses Moment vergrößern möchte, dann muss man mehr Kraftstoff verbrennen. Und dieser benötigt mehr Luft.

Den Ladungswechsel, also das Ausschieben der Abgase und das Ansaugen der Frischladung, kann man mit mehreren Methoden optimieren. Zunächst einmal sollte man dafür sorgen, dass die Ein- und Auslassventile eine möglichst große Öffnungsfläche haben. Das führt zu den heute gebräuchlichen 4-Ventil-Konzepten. Zusätzlich muss man den Zeitpunkt, wann die Ventile öffnen und schließen, an den jeweiligen Betriebspunkt anpassen. Heute verändert man diese Steuerzeiten, indem man die Einlass- und gegebenenfalls auch die Auslassnockenwelle während des Motorbetriebs verdreht (vergleiche Kap. 4). Auch die Längen der Ansaug- und

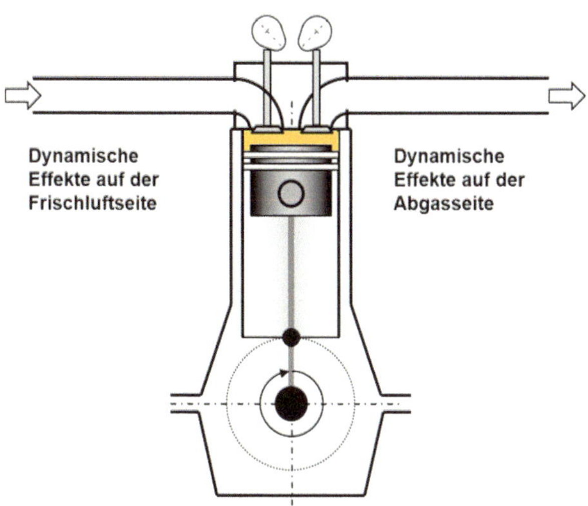

Abb. 1.18 Dynamische Effekte auf der Ansaug- und auf der Abgasseite führen dazu, dass besonders viel Ladung in den Zylinder gepresst wird bzw. dass die Abgase aus dem Zylinder gesaugt werden

Abgasleitungen spielen eine große Rolle. In diesen Rohren bilden sich durch die Ansaugvorgänge der einzelnen Zylinder Druckwellen aus, die den Ladungswechsel begünstigen oder benachteiligen können (vergleiche Abb. 1.18). Der Zylinder muss die Ladung selbst aus der Umgebung ansaugen und die Abgase in die Umgebung ausschieben. Die Druckwellen im Ansaugrohr schieben die Frischladung gewissermaßen in den Zylinder hinein, was diesem den Ansaugvorgang erleichtert. In gleicher Weise sorgen Unterdruckwellen im Abgassystem dafür, dass der Zylinder die Abgase leichter ausschieben kann. Manche Ottomotoren verfügen heute über eine während des Betriebs änderbare Ansaugrohrlänge. Alternativ dazu kann man versuchen, die Druckwellen durch Resonanzeffekte zu manipulieren.

1.4.2 Erhöhung der Luftmasse durch Aufladung

Eine mittlerweile sehr weit verbreitete Methode der Vergrößerung der Luftmasse im Zylinder ist die Aufladung. Bei dieser lässt man den Motor die Luftmasse nicht ansaugen, sondern man drückt sie mit Überdruck in den Zylinder. Dazu benötigt

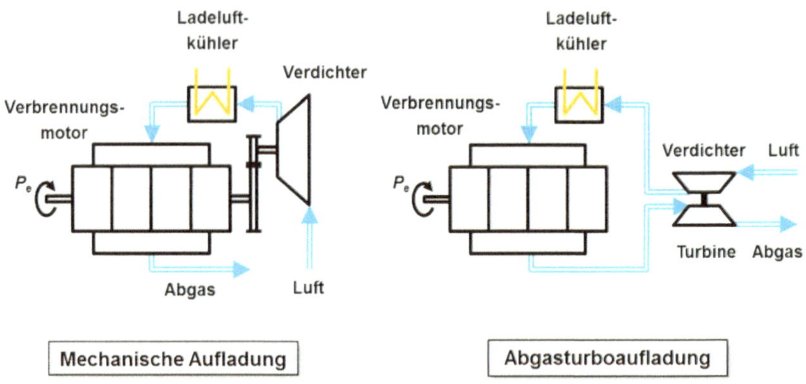

Abb. 1.19 Bei der mechanischen Aufladung (Kompressoraufladung) wird der Verdichter (Kompressor) vom Motor angetrieben. Bei der Abgasturboaufladung (ATL) treibt eine Turbine, die die Abgasenergie nutzt, den Verdichter an [Schreiner (2015)]

man einen Verdichter. Dieser wird entweder vom Motor direkt angetrieben (sogenannte Kompressoraufladung oder mechanische Aufladung) oder man koppelt den Verdichter mit einer Abgasturbine. Diese entnimmt dem Abgas Energie und gibt sie an den auf der gemeinsamen Welle sitzenden Verdichter weiter (sogenannte Abgasturboaufladung) (vergleiche Abb. 1.19).

Letztlich kombiniert man bei einem aufgeladenen Motor zwei „Luftpumpen" miteinander: den Verdichter und den Hubkolbenmotor. Beide weisen ein unterschiedliches Strömungsverhalten auf. Das bedeutet, dass man die Kombination „Hubkolbenmotor mit Aufladung" nur für einen Betriebspunkt optimieren kann. Je weiter der aktuelle Betriebspunkt vom Auslegungspunkt entfernt ist, umso schlechter arbeitet diese Kombination. Um die Aufladung im gesamten Motorbetriebsbereich möglichst gut anpassen zu können, benötigt man die Möglichkeit zur Beeinflussung der Aufladung. Die heute gebräuchlichen Maßnahmen sind das Wastegate (eine Bypassleitung um die Turbine herum), die variable Turbinengeometrie (eine Veränderung der Anströmrichtung der Turbinenschaufeln) und die Kombination von mehreren Turboladern. Im Schiffsmotorenbereich gibt es diese sogenannte Registeraufladung mit bis zu zehn Turboladern schon seit Jahrzehnten. Im Fahrzeugbereich kombiniert man heute bis zu vier Turbolader. Weitere Details zur Aufladung sind in Kap. 6 zu finden.

1.5 Nutzbarer Drehzahlbereich und Motorkennfeld

1.5.1 Drehzahlbereich

Die meisten Verbrennungsmotoren werden innerhalb eines gewissen Drehzahlbereiches betrieben. Lediglich die Motoren zum Antrieb von Generatoren zur Stromversorgung rotieren nur bei einer bestimmten Drehzahl, um für eine konstante Frequenz des Wechselstroms zu sorgen. Bei Pkw-Motoren liegt die kleinste Drehzahl bei etwa 800/min. Die größte beträgt bei Dieselmotoren etwa 5000/min und bei Ottomotoren etwa 6000/min, teilweise aber auch deutlich mehr. Nach unten hin ist der Drehzahlbereich durch den Wunsch nach einer ausreichenden Laufruhe des Motors und die für die Verbrennung notwendige Turbulenz der angesaugten Luft begrenzt. Nach oben hin spielt die mittlere Geschwindigkeit des Kolbens eine wesentliche Rolle. Während der Auf- und Abbewegung läuft der Kolben wegen der ständigen Beschleunigung und Abbremsung natürlich nicht mit einer konstanten Geschwindigkeit. Man kann aber eine mittlere Kolbengeschwindigkeit definieren. Sie besagt, dass der Kolben während einer Kurbelwellenumdrehung zweimal den Kolbenhub als Weg zurücklegt. Die Erfahrung sagt, dass diese mittlere Kolbengeschwindigkeit nicht größer als beispielsweise 20 m/s betragen soll. Daraus ergibt sich, dass die maximal mögliche Drehzahl mit zunehmender Motorgröße abnimmt (Tab. 1.2). Die großen Zweitakt-Dieselmotoren von Containerschiffen und Öltankern haben Kolbendurchmesser von bis zu einem Meter, Kolbenhübe von mehreren Metern und maximale Drehzahlen von weniger als 100/min. Ein möglichst breites nutzbares Drehzahlband stellt eine große Herausforderung für die Entwickler von Motoren dar.

Tab. 1.2 Die Tabelle zeigt Größenordnungen für die maximale Drehzahl, das Hub-Durchmesser-Verhältnis und die mittlere Kolbengeschwindigkeit bei verschiedenen Motortypen

Motortyp	max. Drehzahl in 1/min	Hub-Durchmesser-Verhältnis	mittlere Kolbengeschwindigkeit in m/s
Rennmotor	18.000	0,5	25
Pkw-Ottomotor	6000	1	18
Lkw-Dieselmotor	3000	1,1	14
mittlerer Schiffsmotor	2000	1,2	12
großer Schiffsmotor	100	2,5	8

1.5.2 Motorkennfeld

Der Betriebspunkt eines Verbrennungsmotors wird in erster Linie durch die aktuelle Drehzahl und das vom Motor abgegebene Drehmoment festgelegt. (Hinzu kommen noch viele andere Größen wie beispielsweise Kühlwassertemperatur oder Zylinderabschaltung. Auf diese Größen geht Kap. 9 noch ein.) Die wichtigste Betriebslinie ist dabei die Volllastlinie. Sie beschreibt das im nutzbaren Drehzahlbereich maximal mögliche Motormoment in Abhängigkeit von der Drehzahl. Das absolut größte Moment liegt dabei meistens im mittleren Drehzahlbereich. Die maximal mögliche Motorleistung ergibt sich aus dem Moment bei der Nenndrehzahl. Die maximal mögliche Drehzahl kann geringfügig höher sein.

Die größten Anforderungen an die sogenannte Kennfeldbreite haben Land-Fahrzeuge. Sie müssen einen großen Geschwindigkeits- und damit Drehzahlbereich abdecken. Dabei müssen gleichzeitig Beschleunigungs- und Abbremsvorgänge sowie Berg- und Talfahrten möglich sein. Abb. 1.20 zeigt die Begrenzungslinien

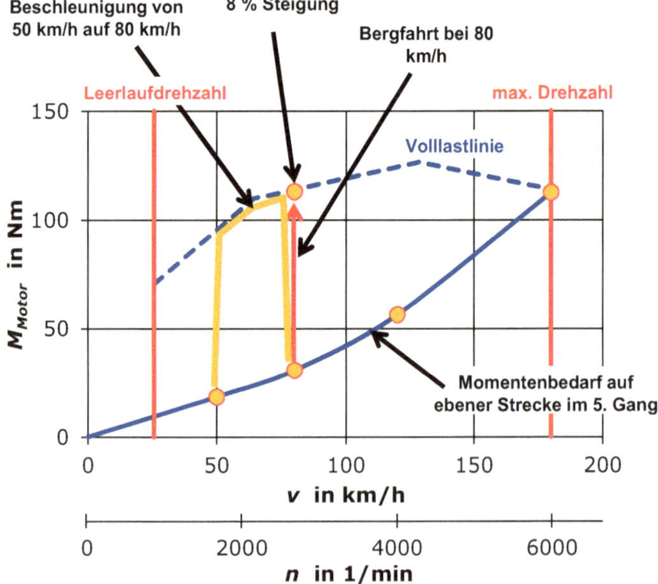

Abb. 1.20 Das Kennfeld eines Pkw-Verbrennungsmotors wird durch die Leerlaufdrehzahl, die maximale Drehzahl und die Volllastlinie begrenzt. Hier wird der 1,4-Liter-Ottomotor im Opel Astra GTC im 5. Gang gezeigt

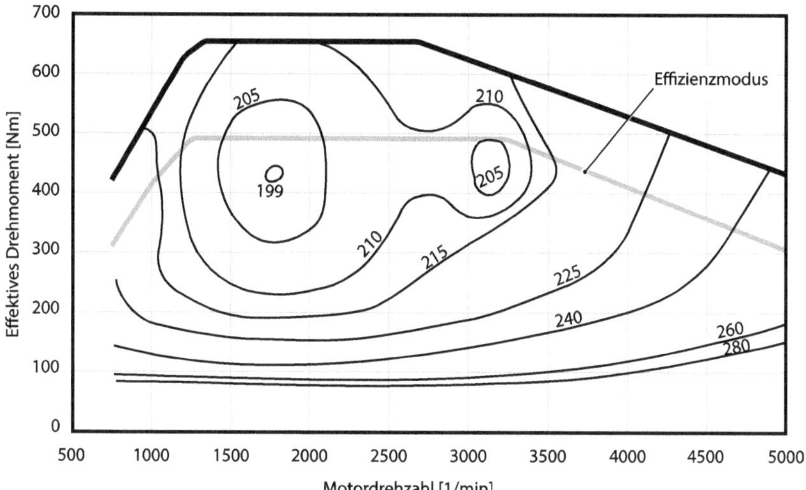

Abb. 1.21 Im Kennfeld des 3-Liter-6-Zylinder-TDI-Motors von Audi ist deutlich der Bereich des besten Wirkungsgrades mit einem effektiven spezifischen Kraftstoffverbrauch von 199 g/(kWh) zu erkennen. Im Effizienzmodus wird das Motorkennfeld elektronisch begrenzt, sodass dem Fahrer nicht das volle Motormoment zur Verfügung steht [Bischoff et al. (2012)]

des Motorkennfeldes eines Pkw. Die waagerechte Achse zeigt die Geschwindigkeit eines Fahrzeuges im höchsten Gang. Über die Getriebeübersetzung kann man diese in Drehzahlen umrechen. Die linke Begrenzung des Kennfeldes ist durch die Leerlaufdrehzahl gegeben. Die rechte Begrenzung ergibt sich aus der maximalen Drehzahl. Nach oben wird das Kennfeld durch die Volllastlinie begrenzt. Diese wird bei Vollgas-Beschleunigungen und bei Vollgas-Bergfahren erreicht.

Durch ein Schaltgetriebe mit immer mehr Gängen versucht man, den Motor in einem für ihn günstigen Bereich zu betreiben. Bei Schiffsmotoren spielt die Kennfeldbreite im Allgemeinen eine deutlich kleinere Rolle. Lediglich schnelle Boote mit einem Übergang von der Verdrängerfahrt zur Gleitphase haben höhere Anforderungen an das Motorkennfeld.

Abb. 1.21 zeigt das Kennfeld eines 6-Zylinder-TDI-Motors von Audi. Man kann die Volllastkurve und den möglichen Drehzahlbereich erkennen. Im Kennfeld sind Linien konstanten Motorwirkungsgrades eingezeichnet. Die Entwickler von Verbrennungsmotoren geben den Wirkungsgrad häufig nicht in Prozent gemäß Abschn. 1.1 an. Sie verwenden stattdessen lieber den sogenannten effektiven spe-

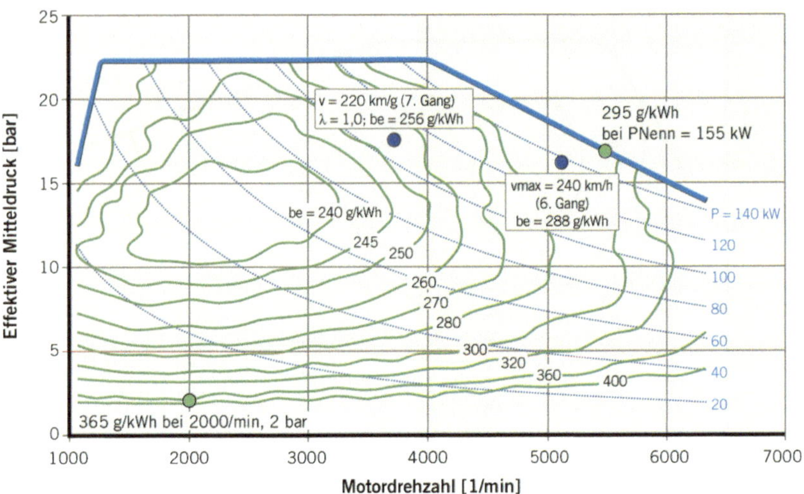

Abb. 1.22 Der 2-Liter-Ottomotor in der A-Klasse von Mercedes weist einen besten effektiven spezifischen Kraftstoffverbrauch von 240 g/(kWh) bei einer Drehzahl von etwa 2500/min auf [Merdes et al., (2012)]

zifischen Kraftstoffverbrauch mit der Einheit g/(kWh) (vergleiche Abschn. 2.2.4). Diese Größe gibt an, welchen Kraftstoffmassenstrom (in g/h) man benötigt, um eine effektive Motorleistung von einem Kilowatt bereitzustellen. Die Größe kann man in grober Näherung als den Kehrwert des effektiven Wirkungsgrades verstehen. Der Wert von 199 g/(kWh) entspricht einem effektiven Wirkungsgrad von 42,3 %.

Abb. 1.22 zeigt ähnliche Ergebnisse für den Ottomotor in der A-Klasse von Mercedes. Hier wird ein bester effektiver spezifischer Kraftstoffverbrauch von 240 g/(kWh) erreicht. Das entspricht einem effektiven Wirkungsgrad von etwa 36 %. Der effektive Mitteldruck, der auf der senkrechten Achse aufgetragen ist, ist proportional zum Motordrehmoment. Näheres zu dieser wichtigen Kenngröße ist im Abschn. 2.2.3 zu finden.

Aus beiden Kennfeldern kann man erkennen, dass der beste Wirkungsgrad bei einer moderaten Drehzahl und fast Volllast erreicht wird. In diesem Betriebspunkt werden Motoren aber nur bei der Beschleunigung oder bei der Bergfahrt betrieben. Beim typischen Stadtverkehr befinden sich die Betriebspunkte eher bei kleiner Last. Dort wird der Motorwirkungsgrad aber schlecht und im Leerlauf nimmt er einen Wert von null an. Die große Herausforderung der heutigen Motorenentwicklung ist es, den Motor nicht nur in einem Betriebspunkt zu optimieren, sondern ihn im kompletten Kennfeldbereich bestmöglich zu betreiben. Dazu wird eine Motorelektronik benötigt, die den Motor in seinem kompletten Kennfeldbereich über geeignete Aktoren immer wieder an die aktuellen Betriebsbedingungen anpasst (vergleiche Abschn. 1.9 und Kap. 9).

Eigentlich wäre es gut, in einem Pkw zwei Motoren einzubauen: einen schwachen für die Stadtfahrt und einen leistungsstarken für die Autobahnfahrt. Dann müsste sich der schwache Motor im Stadtverkehr „anstrengen" und hätte einen guten Wirkungsgrad. Dieses Prinzip von zwei Verbrennungsmotoren in einem Pkw gibt es bislang aber nicht. Drei Entwicklungsrichtungen gehen aber genau in diese Richtung:

- Manche Motoren werden heute mit einer Zylinderabschaltung (vergleiche Kap. 4) angeboten. Wenn nur wenige Zylinder eines Motors arbeiten, dann müssen sich diese mehr „anstrengen" und haben deswegen einen besseren Wirkungsgrad.
- Andere Fahrzeuge werden mit einem sogenannten Hybridantrieb (vergleiche Abschn. 1.10) angeboten. Auch hier werden zwei Motoren verwendet: ein Verbrennungsmotor und ein Elektromotor. Beispielsweise würde man den Verbrennungsmotor nur dann einsetzen, wenn eine hohe Last benötigt wird. Im Stadtverkehr würde man nur elektrisch fahren. Das setzt aber einen entsprechend starken Elektromotor und ausreichend Batteriekapazität voraus.
- Eine dritte Idee für „zwei Motoren in einem Pkw" sind aufgeladene Motoren (vergleiche Abschn. 1.4.2 und Kap. 6). Wenn man einen Turbomotor so auslegt, dass der Turbolader im Stadtverkehr, wo er ohnehin kaum zur Leistungsentfaltung beiträgt, „nicht stört", dann hat man im Stadtverkehr einen schwachen Saugmotor und bei der Autobahnfahrt einen starken Turbomotor.

1.6 Verlustquellen im Verbrennungsmotor

Verbrennungsmotoren könnten im Bestfall einen Wirkungsgrad in einer Größenordnung von etwa 60 % erreichen (vergleiche Abschn. 1.1). In der Realität liegt der effektive Wirkungsgrad deutlich niedriger. Heutige Pkw-Ottomotoren haben einen besten effektiven Wirkungsgrad von etwa 37 %. Pkw-Dieselmotoren erreichen im Bestpunkt einen Wert von etwa 43 %. Langsam laufende Schiffsmotoren erreichen Wirkungsgrade von deutlich über 50 %. In der Realität werden Fahrzeuge häufig im Teil- und Schwachlastbereich eingesetzt. Dort ist der Wirkungsgrad deutlich niedriger. Wenn ein Pkw mit laufendem Motor vor der roten Ampel steht, dann ist der effektive Wirkungsgrad gleich null.

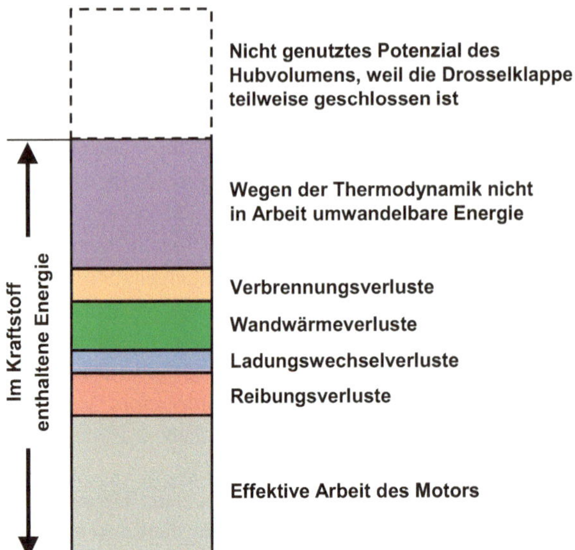

Abb. 1.23 Qualitative Darstellung einer typischen Verlustanalyse in einem Betriebspunkt eines Ottomotors mit Drosselklappe

Ein kleiner effektiver Wirkungsgrad ist immer ein Zeichen für große Verluste im Umfeld des Verbrennungsmotors. Die vier wichtigsten Verlustquellen im Zylinder des Verbrennungsmotors sind die Verbrennungsverluste, die Wandwärmeverluste, die Ladungswechselverluste und die Reibungsverluste (vergleiche Abb. 1.23). Hinzu kommen außerhalb des Zylinders beim Ottomotor vor allem die Drosselklappenverluste.

1.6.1 Verbrennungsverluste

Die Verbrennungsverluste entstehen, weil die reale Verbrennung niemals so ablaufen kann, wie es die Vergleichsprozesse fordern. Die perfekte Verbrennung wäre entweder unendlich schnell (Gleichraumverbrennung) oder sie würde langsam anfangen, immer heftiger werden und dann schlagartig enden (Gleichdruckverbrennung) (Schreiner, 2015). Die reale Verbrennung benötigt Zeit und klingt am Ende immer langsam aus. Je länger sie dauert, umso weniger wird die von ihr freigesetzte Energie in mechanische Arbeit umgewandelt. Die Energie heizt dann vielmehr das Abgas auf. Deswegen gehen die Verbrennungsoptimierungen häufig in die Richtung, die Verbrennung möglichst heftig ablaufen zu lassen. Das führt dann aber zu einem lauten Verbrennungsgeräusch. Die Verbrennung benötigt immer auch Turbulenzen im Brennraum. Bei großen Drehzahlen entstehen diese alleine schon durch das schnelle Einströmen der Frischladung. Bei kleinen Drehzahlen verwendet man teilweise Turbulenzgeneratoren (enge Querschnitte durch beispielsweise Drall- oder Tumbleklappen oder durch sich nur wenig öffnende Ventile).

1.6.2 Wandwärmeverluste

Die Wandwärmeverluste entstehen dadurch, dass das heiße Verbrennungsgas immer auch Wärme an die Zylinderwände abgibt. Diese Wärme wird dann an das Kühlwasser und an das Motoröl weitergegeben. Diese Wärmeverluste kann man nicht verhindern, weil der hohe Temperaturunterschied zwischen den Verbrennungsgasen (bis zu 3000 °C) und den Zylinderwänden (ca. 100 bis 400 °C) immer einen Wandwärmestrom verursacht. Bei modernen Motoren versucht man, die Temperaturniveaus der Kühlmedien so zu wählen (vergleiche Abschn. 3.12), dass wenigstens andere Verlustquellen verkleinert werden. So strebt man im Schwachlastgebiet hohe Temperaturen der Kühlmedien an, weil dann die Reibungsverluste kleiner werden. Bei hoher Last strebt man kleinere Temperaturen an, um so mehr Luftmasse (größere Dichte) in den Zylinder zu bringen. Die Wärmeverluste sind bei kleinen Drehzahlen relativ groß, weil dann die Wärme mehr Zeit hat, über die Zylinderwände in die Kühlmedien zu fließen. Nach dem Kaltstart des Motors ist das wichtigste Ziel, den Motor und die Abgasreinigungsanlage so schnell wie möglich auf die normale Betriebstemperatur zu bringen.

1.6.3 Ladungswechselverluste

Die Ladungswechselverluste haben zwei wesentliche Ursachen. Zum einen entstehen sie, weil für das Ausschieben der Abgase und für das Einströmen der Frischladung nur wenig Zeit zur Verfügung steht. Je größer die Drehzahl ist, umso größer sind auch die Ladungswechselverluste. Zum anderen entstehen sie, weil es für den Zylinder „anstrengend" ist, die Frischladung anzusaugen und die Abgase auszustoßen. Zum Ansaugen muss im Zylinder ein Unterdruck entstehen, um die Frischladung aus der Umgebung trotz der Strömungsverluste im Luftfilter, in den Rohrleitungen, in der eventuell vorhandenen Drosselklappe und durch die engen Ventilkanäle hindurch ansaugen zu können. Zum Ausstoßen muss im Zylinder ein Überdruck herrschen, um trotz der Strömungsverluste an den Auslassventilen vorbei, in den Rohrleitungen, im eventuell vorhandenen Rußfilter und im Schalldämpfer die Abgase gegen den herrschenden Außenluftdruck in die Umgebung ausschieben zu können. Sowohl für das Ansaugen als auch für das Ausschieben muss der Zylinder Arbeit aufwenden, die die an der Kupplung verfügbare Arbeit verringert. Die Ladungswechselverluste kann man beispielsweise minimieren, indem man möglichst große Ventilöffnungsflächen verwendet. Bei heutigen Motoren hat sich die 4-Ventil-Technik als optimaler Kompromiss zwischen großer Ventilöffnungsfläche und nicht zu großem Bauaufwand durchgesetzt. Zudem kann man die Ladungswechselverluste minimieren, indem man die Druckschwingungen (vergleiche Abschn. 1.4.1 und Kap. 4) insbesondere auf der Frischluftseite nutzt und optimale Ventilsteuerzeiten und Saugrohrlängen in Abhängigkeit von der Motordrehzahl einstellt.

1.6.4 Reibungsverluste

Die Reibungsverluste entstehen, weil beim Betrieb des Motors viele Bauteile aneinander reiben. Je höher die Motordrehzahl ist, umso höher sind auch die Relativgeschwindigkeiten der Reibungspartner und umso höher sind die Reibungsverluste. Die wichtigsten Reibungsquellen sind die Grundlager der Kurbelwelle, die Kolbenringe der Zylinder, die Lagerungen der Pleuelstangen und die der Nockenwellen. Hinzu kommen die Antriebsmomente der sogenannten Hilfsaggregate wie Einspritzpumpe, Ölpumpe, Kühlwasserpumpe, Lichtmaschine und Klimakompressor. Heute versucht man, die Reibungsverluste zu minimieren, indem man alle Reibungspartner optimiert. Auch kleinste Reibungsverbesserungen werden gesucht und umgesetzt, weil der relativ hohe Kraftstoffverbrauch von Pkw gerade im Stadtverkehr wesentlich von den Reibungsverlusten bestimmt wird.

1.6.5 Drosselklappe

Eine weitere wesentliche Verlustquelle ist die Drosselklappe (Abb. 1.24), die auch heute noch häufig bei Ottomotoren eingesetzt wird. Die homogene Verbrennung des Benzins verlangt, dass das Mischungsverhältnis von Kraftstoff und Luft ungefähr stöchiometrisch ist. Der 3-Wege-Katalysator (vergleich Abschn. 7.1), der bei vielen Ottomotoren zur Reduzierung der Schadstoffemissionen eingesetzt wird, verlangt sogar eine sehr genaue Einhaltung des stöchiometrischen Mischungsverhältnisses. Das hat wesentliche Auswirkungen auf den Betrieb des Ottomotors.

Abb. 1.24 Elektronische
Drosselklappe [KSPG AG]

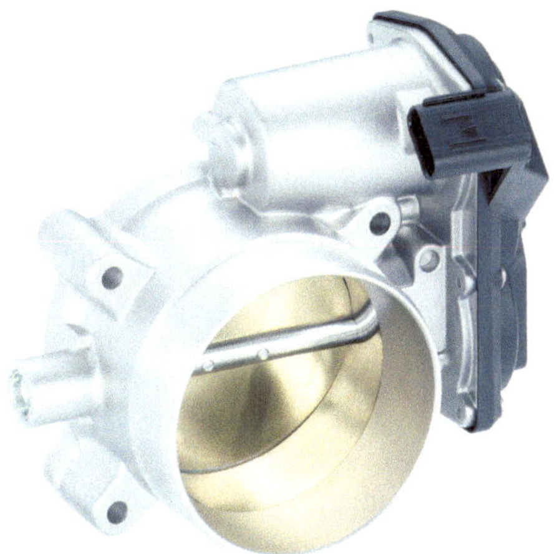

Wenn nämlich der Motor im Teillast- oder im Schwachlastgebiet betrieben werden
soll, dann darf nicht viel Kraftstoff verbrannt werden. Wenig Kraftstoff verlangt
aber auch wenig Luft. Das bedeutet, dass die Zylinder des Ottomotors daran ge-
hindert werden müssen, sich vollständig mit Frischladung zu füllen. Konkret tut
man das, indem man in das Ansaugsystem von Ottomotoren eine Drosselklappe
montiert. Diese kann den Rohrquerschnitt kontinuierlich verändern. Im Schwachlastgebiet ist die Drosselklappe weitgehend geschlossen. Bei der Motorhöchstleis-
tung ist sie natürlich vollständig geöffnet.

Wenn die Drosselklappe weitgehend geschlossen und dadurch der effektive
Rohrquerschnitt sehr klein ist, dann muss der saugende Zylinder mehr Saugarbeit
(vergleiche Abschn. 1.6.3) aufbringen, um die gewünschte Luftfüllung zu erreichen. Die Ladungswechselverluste nehmen zu und der effektive Wirkungsgrad
des Verbrennungsmotors nimmt ab. Letztlich behindert die Drosselklappe den Verbrennungsmotor beim „Einatmen", sie hält ihm gewissermaßen „den Hals zu".

1.6.6 Alternativen zur Drosselklappe

Die Drosselklappe verursacht einen schlechten Wirkungsgrad des Ottomotors gerade im Stadtverkehr. Schon lange versucht man, Alternativen zur Drosselklappe
zu finden.

Am besten wären vollvariable Ventile, die man zu jedem beliebigen Zeitpunkt
öffnen und schließen kann. Dann würde man im Schwachlastgebiet die Drossel-

klappe nicht schließen, sondern den Motor nur kurze Zeit Ladung ansaugen lassen. Sobald die richtige Ladungsmasse im Zylinder ist, werden dann die Einlassventile geschlossen. Derartige vollvariable Ventilsteuersysteme gibt es aber noch nicht in Serienlösung. Das hydraulische Multiair-System von Fiat kommt dem Wunsch bislang am nächsten. Heutige Ottomotoren haben häufig eine verdrehbare Einlassnockenwelle (vergleiche Kap. 4). Diese kann im Betrieb so verdreht werden, dass die Einlassventile entweder früher öffnen und früher schließen oder später öffnen und später schließen. Bei einem frühen Schließzeitpunkt vor dem unteren Totpunkt wird der Zylinder nicht vollständig gefüllt (Miller-Zyklus). Bei einem sehr späten Schließzeitpunkt nach dem unteren Totpunkt wird ein Teil der angesaugten Ladung wieder in das Saugrohr zurückgeschoben. So verbleibt auch weniger Ladung im Zylinder (Atkinson-Zyklus). Die Methode der verdrehbaren Nockenwelle reicht aber im Gegensatz zu den vollvariablen Ventilen nicht aus, um auf die Drosselklappe verzichten zu können.

Eine zweite Lösungsmöglichkeit, auf die Drosselklappe zu verzichten, sind Ventile mit reduziertem Ventilhub (vergleiche Kap. 4). Wenn man die Ventile nicht richtig öffnet, dann hat das eine ähnliche Wirkung wie eine nur wenig geöffnete Drosselklappe. Der Vorteil von kleinen Ventilhüben ist, dass dann große Turbulenzen im Brennraum entstehen, die wiederum die Verbrennung verbessern. Auf dem Markt gibt es zurzeit die Valvetronic von BMW, bei der man den Ventilhub stufenlos verstellen und so auf die Drosselklappe verzichten kann. (Diese Motoren verfügen trotzdem über eine Drosselklappe, um beispielsweise die Abgasrückführung (vergleiche Abschn. 7.1) realisieren zu können.) Nicht ganz so fortschrittlich, aber deutlich einfacher in der Mechanik sind Systeme mit zwei oder drei Nocken auf der Nockenwelle. Diese haben unterschiedliche Maximalhübe. Auf diese Weise kann man den Maximalhub der Einlassventile in zwei oder drei Stufen ändern (vergleiche Abb. 4.4 und Kap. 4).

Eine dritte Variante, auf die Drosselklappe zu verzichten, ist die Benzindirekteinspritzung mit Ladungsschichtung (vergleiche Abschn. 5.1). Bei diesem System saugt der Ottomotor ungedrosselt (genauso wie ein Dieselmotor) eine volle Luftmenge an. Den Kraftstoff spritzt man so spät in den Zylinder, dass er keine Zeit mehr hat, sich gleichmäßig mit der gesamten Luftfüllung zu vermischen. Durch eine geschickt realisierte Einspritzung sorgt man dafür, dass sich die kleine Kraftstoffmenge in der Nähe der Zündkerze konzentriert. Auf diese Weise wird der Zündkerze „vorgetäuscht", dass sich ein zündfähiges (nahezu stöchiometrisches) Gemisch im Zylinder befindet. Die Verbrennung kann ausgelöst werden. Dass im Brennraum überschüssige Luft vorhanden ist, stört die Zündkerze dann nicht. Allerdings kann man den 3-Wege-Katalysator des Ottomotors nicht „austricksen". Die Abgasreinigungsanlage merkt, dass das Gemisch wegen des Luftüberschusses nicht stöchiometrisch war, und verlangt nach einer sehr aufwendigen Reinigung der Stickoxide in einem NO_x-Speicherkatalysator.

1.7   Verbrennung

1.7.1   Ottomotorische Verbrennung

Beim Ottomotor wird ein homogenes Kraftstoff-Luft-Gemisch während der Kompressionsphase auf eine hohe Temperatur gebracht. Ein Zündfunke, der zwischen den Elektroden der Zündkerze (Abb. 1.25) überspringt, entflammt das Gemisch und löst die Verbrennung aus (Fremdzündung). Die Zündkerze verlangt, dass das Kraftstoff-Luft-Gemisch zwischen den beiden Elektroden weitgehend stöchiometrisch ist. Anderenfalls lässt sich das Gemisch nicht entflammen. Von dieser Zündkerze aus breitet sich die Flamme im ganzen Brennraum aus.

Den Zeitpunkt, wann der Funke überspringt, muss man geschickt wählen. Je früher (also noch deutlich vor dem oberen Totpunkt) man zündet, umso höher ist der Maximaldruck im Zylinder (Verbrennungshöchstdruck), umso besser ist der Wirkungsgrad des Motors und umso höher ist die Motorleistung (vergleiche Abb. 1.26). Dieses gilt aber nicht im Schwachlastgebiet des Motors, in dem der Zündzeitpunkt zur Erzielung eines ruhigen Motorlaufs eher spät (also in der Nähe des oberen Totpunktes) gewählt werden muss. Wenn man den Zündzeitpunkt bei hoher Leistung zu früh wählt, dann kommt es zu unerwünschten Selbstzündungen im Zylinder. Dieses Klopfen muss unbedingt vermieden werden, weil es den Motor stark mechanisch und thermisch belastet und zur Zerstörung führen kann. Bei modernen Ottomotoren sorgt eine sogenannte Klopfregelung (vergleiche Abschn. 5.1) dafür, dass der Zündzeitpunkt immer optimal gewählt wird.

Den Kraftstoff und die Luft kann man vor dem Zylinder (Saugrohreinspritzung) oder im Zylinder (Benzindirekteinspritzung) mischen (vergleiche Abschn. 1.3.1). Die Benzindirekteinspritzung wird bei modernen Motoren häufig verwendet, weil

Abb. 1.25 Zündkerze [Robert Bosch GmbH]

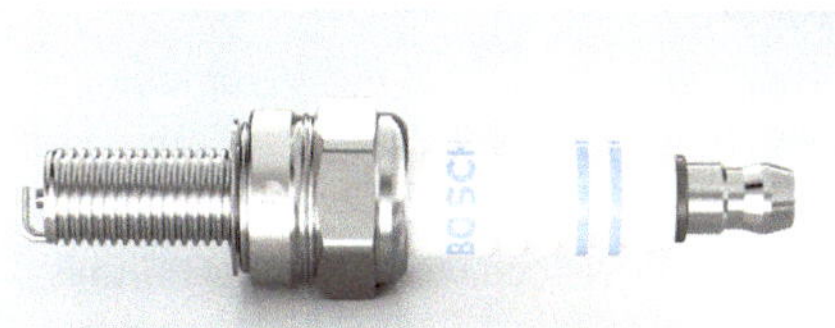

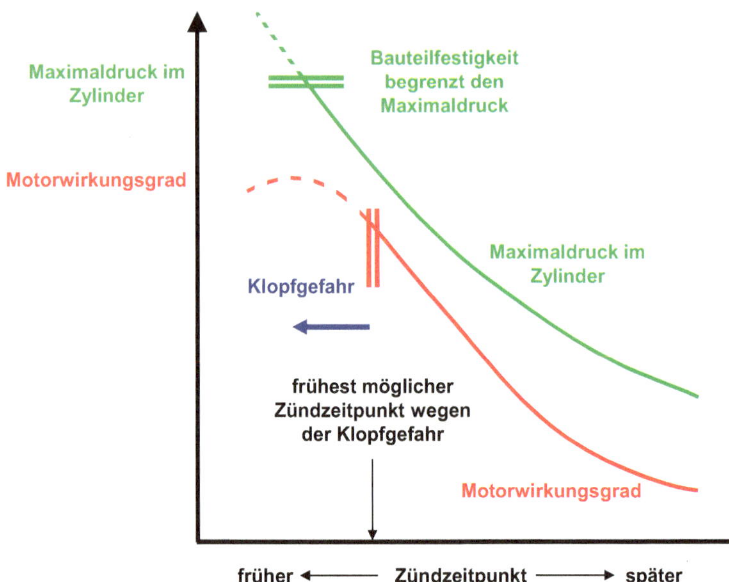

Abb. 1.26 Motorwirkungsgrad und Verbrennungshöchstdruck (Maximaldruck) in Abhängigkeit vom Zündzeitpunkt: Man kann die Begrenzung des Betriebsbereiches durch die Klopfgefahr und durch die Bauteilfestigkeit erkennen

bei ihr der Kraftstoff erst im Zylinder verdampft und dabei den Zylinder kühlt. Das hilft, die Klopfgefahr zu reduzieren. Bei beiden Methoden ist es wichtig, die Luft und den Kraftstoff möglichst homogen zu vermischen. Die einzige Ausnahme ist die Verbrennung mit der sogenannten Ladungsschichtung, die im Abschn. 1.6.6 behandelt wurde.

1.7.2 Dieselmotorische Verbrennung

Beim Dieselmotor ist die Verbrennung prinzipiell anders. Der Dieselmotor saugt immer ungedrosselt eine volle Ladung Luft an. Er benötigt also keine Drosselklappe. Je mehr Dieselkraftstoff man in diese Luft einspritzt, umso höher ist die vom Motor abgegebene Leistung. Allerdings darf man nicht zu viel Kraftstoff einspritzen, sonst fängt der Motor an zu rußen.

Der in den Zylinder eingespritzte Kraftstoff (Dieseldirekteinspritzung) entzündet sich von ganz alleine. Es wird keine Zündkerze benötigt. Das bedeutet, dass man den Kraftstoff nicht zu einer Zündquelle bringen muss. Vielmehr entzündet sich der Kraftstoff dort, wo ein zündfähiges Gemisch vorliegt. Weil das an vielen Stellen der Fall ist, beginnt die dieselmotorische Verbrennung schlagartig im ganzen Brennraum. Das sorgt für eine sehr effiziente Verbrennung, die allerdings auch laut ist. Dieses dieseltypische „Nageln" kann man verhindern, indem man zuerst eine nur kleine Kraftstoffmenge einspritzt (Voreinspritzung oder Piloteinspritzung). Diese verbrennt relativ leise, wenn sie klein genug ist. Sobald sie brennt, wird die große Haupteinspritzmenge in den dann heißen Zylinder eingespritzt. Diese zweite Stufe der Dieselverbrennung ist dann recht leise.

Auch beim Dieselmotor muss man den Verbrennungsbeginn optimal einstellen. Bei zu später Verbrennung sinken der Wirkungsgrad und die Leistung. Bei einer zu frühen Verbrennung steigt der Druck im Zylinder so stark an, dass Motorkomponenten wie beispielsweise die Zylinderkopfdichtung, die Kolbenringe oder die Lagerung mechanisch zerstört werden könnten. Den Verbrennungsbeginn legt man beim Dieselmotor dadurch fest, dass man den Einspritzzeitpunkt variiert. (Abb. 1.26 gilt sinngemäß auch für den Dieselmotor, wenn man den Zündzeitpunkt durch den Einspritzzeitpunkt ersetzt.) Denn die Verbrennung beginnt fast unmittelbar nach dem Einspritzbeginn. Die Zeitspanne zwischen Einspritzbeginn und Verbrennungsbeginn nennt man Zündverzug. In dieser Phase zerfallen die eingespritzten Kraftstofftropfen, sie verdampfen, vermischen sich mit Luft und zünden dann von alleine (Selbstzündung).

Alle modernen Dieselmotoren sind sogenannte Common-Rail-Motoren. Bei ihnen wird der Kraftstoff „auf Vorrat" auf einen hohen Druck gebracht und in einem Behälter gespeichert (Common Rail). Bei Bedarf bedienen sich sogenannte Injektoren und spritzen Kraftstoff in den jeweiligen Zylinder ein. Bei konventionellen Dieselmotoren (beispielsweise Pumpe-Düse- oder Pumpe-Leitung-Düse-Systeme) wurde früher der Druck nur dann erzeugt, wenn der Kraftstoff auch benötigt wurde. Der große Nachteil dieser konventionellen Systeme war, dass dann bei kleinen Drehzahlen auch nur ein kleiner Einspritzdruck bereitgestellt wurde. Common-Rail-Systeme können auch bei kleinen Drehzahlen hohe Einspritzdrücke erzeugen. Und das tut dem dieselmotorischen Brennverfahren gut. Hohe Drücke führen zu einer sehr guten Zerstäubung des Kraftstoffes, zu kleineren Tröpfchen und damit zu einer besseren Ausnutzung der komprimierten Luft im Brennraum. So kann man die Rußbildung besser verhindern.

1.8 Abgasemissionen

1.8.1 Schadstoffe im Abgas von Verbrennungsmotoren

Bei heutigen Verbrennungsmotoren werden im Allgemeinen Kraftstoffe verwendet, die aus verschiedenen Kohlenwasserstoffverbindungen bestehen. Diese verbrennen (vergleiche Abb. 1.27) mit dem Sauerstoff der Luft zu Wasser (H_2O) und Kohlendioxid (CO_2). Die Kohlendioxidemission kann also nur verringert werden, indem man entweder weniger Kraftstoff verbrennt oder einen Kraftstoff verwendet, der relativ wenig Kohlenstoff enthält (beispielsweise Erdgas, vergleiche Kap. 8). In Pkw-Prospekten werden immer der streckenbezogene Kraftstoffverbrauch in $l/(100\,km)$ und die CO_2-Emissionen in g/km angegeben. Eigentlich könnte man auf eine der beiden Angaben verzichten, weil man die Zahlen ineinander umrechnen kann. Der

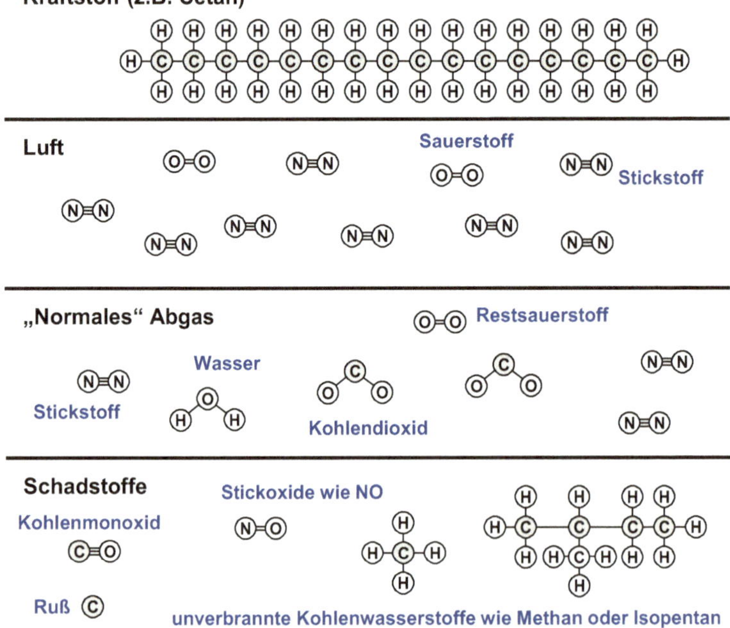

Abb. 1.27 Kraftstoff, Luft und Abgasbestandteile: Die „normalen" Abgaskomponenten müssen im Abgas enthalten sein. Die Schadstoffe kann man durch geeignete Maßnahmen weitgehend verhindern oder nachträglich beseitigen

europäische CO_2-Grenzwert von 2020 (95 g CO_2 pro km) entspricht einem Benzin-verbrauch von 4,1 l/(100 km) und einem Dieselverbrauch von 3,6 l/(100 km). Weil bei der Verbrennung Kohlendioxid entstehen muss, zählen die Verbrennungsmoto-renentwickler dieses nicht zu den Schadstoffen.

Schadstoffe sind Abgasbestandteile, die bei der Verbrennung entstehen können, deren Entstehung man aber durch geeignete Maßnahmen (weitgehend) verhindern kann. Gegebenenfalls kann man die Schadstoffe auch nach dem Zylinder in ei-ner sogenannten Abgasnachbehandlungsanlage (vergleiche Kap. 7) reinigen. Die vom Gesetzgeber limitierten Abgasschadstoffe sind unverbrannte Kohlenwasser-stoffverbindungen (Sammelbezeichnung HC), Kohlenmonoxid (CO), Stickoxide (Sammelbezeichnung NO_x) und Rußpartikel (Sammelbezeichnung PM).

1.8.2 Emissionsgesetzgebung

In den wichtigsten Regionen der Welt gibt es gesetzliche Regelungen für den Ausstoß von Schadstoffen aus Verbrennungsmotoren. Diese Regelungen unter-scheiden sich sehr, sodass beispielsweise die europäischen Vorschriften anders sind als die US-amerikanischen. Das bedeutet für die Motorenhersteller individuelle Entwicklungsaufwendungen für die verschiedenen Regionen. Beispielsweise un-terscheidet der europäische Gesetzgeber bei Pkw-Antrieben zwischen Otto- und Dieselmotoren: Ottomotoren dürfen mehr HC und CO emittieren als Dieselmo-toren, während diese mehr NO_x ausstoßen dürfen als Ottomotoren. Diese unter-schiedlichen Emissionsgrenzwerte sind technikfreundlich und berücksichtigen die Stärken und Schwächen der beiden Konzepte. Die US-amerikanische Gesetzge-bung unterscheidet diesbezüglich nicht und hat ottomotorfreundliche Grenzwerte. Das bedeutet, dass sich Dieselmotoren auf dem US-amerikanischen Markt sehr schwer tun. Letztlich benötigen Dieselmotoren dort viel mehr Technikaufwand als Ottomotoren, um die Vorschriften einzuhalten.

Innerhalb der Regionen wird unterschieden, für welchen Einsatz die Motoren verwendet werden. Die Vorschriften für die Bestimmung der Schadstoffemissio-nen und die zulässigen Grenzwerte hängen von der Anwendung ab. Bei Pkw muss jedes Fahrzeugmodell auf einem Rollenprüfstand ein bestimmtes Fahrprofil ab-solvieren. Das bedeutet, dass ein Motor, der beispielsweise in einem VW Golf zertifiziert wird, erneut auf den Rollenprüfstand muss, wenn er in einem VW Polo eingesetzt wird. Bei Industriemotoren werden die Motoren selbst auf dem Motorenprüfstand untersucht. Der Motor erhält die Zulassung unabhängig bei-spielsweise vom Schiffstyp, in den er eingebaut wird.

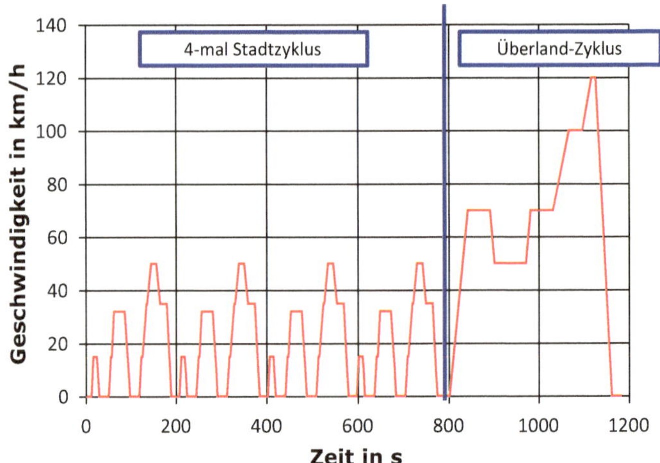

Abb. 1.28 Der Neue Europäische Fahrzyklus (NEFZ) legt die Fahrzeuggeschwindigkeit sowie die Getriebeschaltpunkte während einer Testzeit von knapp 20 Minuten fest. Die mittlere Fahrzeuggeschwindigkeit beträgt hierbei 33,3 km/h

Der Neue Europäische Fahrzyklus (NEFZ, vergl. Abb. 1.28), der in Europa zur Ermittlung der Schadstoffemissionen verwendet wird, ist sehr umstritten. Ihm wird vorgeworfen, dass er nicht dem realen Fahrverhalten entspricht. Zudem wird den Fahrzeugherstellern vorgeworfen, sie würden die Fahrzeuge so abstimmen, dass sie zwar in diesem konkreten Fahrprofil die gesetzlichen Vorschriften einhalten, bei einer anderen Fahrweise aber nicht emissionsarm seien. Deswegen werden schon seit langem zwei Alternativvarianten diskutiert. Zum einen soll versucht werden, einen realistischeren Fahrzyklus zu definieren. Diese World Harmonized Light Vehicles Test Procedure (WLTP, vergleiche Abb. 1.29) wurde viele Jahre lang diskutiert und soll weltweit verwendet werden. In Europa wird er seit September 2017 schrittweise eingeführt. Allerdings wollen die US-amerikanischen Behörden diesen Fahrzyklus nicht anwenden.

Zum anderen wird diskutiert, ob man die Schadstoffemissionen nicht im realen Betrieb messen sollte. Bei diesen Real Driving Emissions treten aber zwei Problempunkte auf. Der erste Punkt ist, dass Abgasmessgeräte benötigt werden, die man in Fahrzeuge einbauen kann. Die heute allgemein üblichen Geräte sind aber so groß wie ein Schaltschrank und benötigen beispielsweise Wasserstoff als Betriebsgas. Die ersten mobilen Geräte sind mittlerweile verfügbar. Der zweite

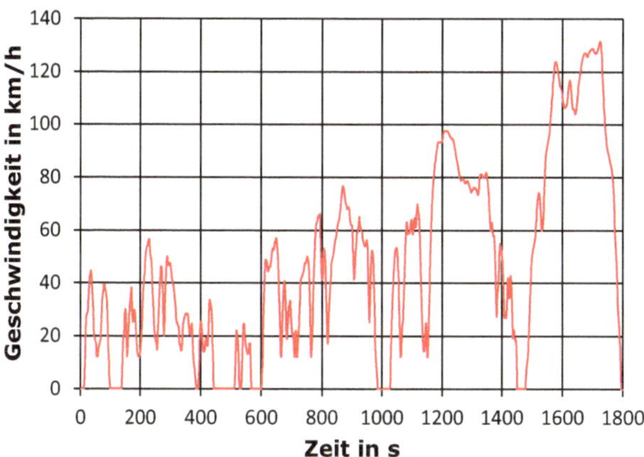

Abb. 1.29 Der Fahrzyklus WLTP soll mehr dem realen Fahrverhalten von Pkw entsprechen als der NEFZ [MTZ **9** (2013)]

Problempunkt hängt mit den Messbedingungen zusammen. Es ist logisch, dass die Schadstoffemissionen ebenso wie der Kraftstoffverbrauch sehr stark von der Fahrweise abhängen. Damit stellt sich die Frage, wie man Grenzwerte für Real Driving Emissions festlegen soll, wenn die Messergebnisse von der Fahrweise abhängen und letztlich kaum reproduzierbar sind. Seit September 2017 werden in Europa in einem ersten Schritt die Stickoxid-Emissionen im realen Fahrbetrieb limitiert.

Mit dem NEFZ werden in Europa nicht nur die Schadstoffemissionen, sondern auch die Kraftstoffverbräuche der Pkw ermittelt. Dabei taucht eine weitere Herausforderung auf. Abb. 1.30 zeigt die Betriebspunkte im Kennfeld zweier Verbrennungsmotoren, die ein Opel Astra GTC während des NEFZ anfährt. Man kann erkennen, dass ein relativ großer Betriebsbereich des Motorkennfeldes des leistungsschwachen 1,4-Liter-Motors angefahren wird. Der leistungsstarke 2-Liter-Turbo-Motor muss sich im NEFZ „nicht anstrengen" und wird nur im unteren Teillast- und Schwachlastbereich betrieben. Dort haben Verbrennungsmotoren aber einen schlechten Wirkungsgrad. Das bedeutet, dass der leistungsstarke Antrieb einen höheren Kraftstoffverbrauch aufweist. Diese Problematik wurde bereits im Abschn. 1.5.2 angesprochen.

Der europäische Gesetzgeber limitiert nicht den Kraftstoffverbrauch, sondern die CO_2-Emissionen der Pkw (vergleiche Abschn. 1.8.1). Ursprünglich war vorgesehen, den CO_2-Grenzwert auf 95 g/km ab dem Jahr 2020 für alle Pkw unabhän-

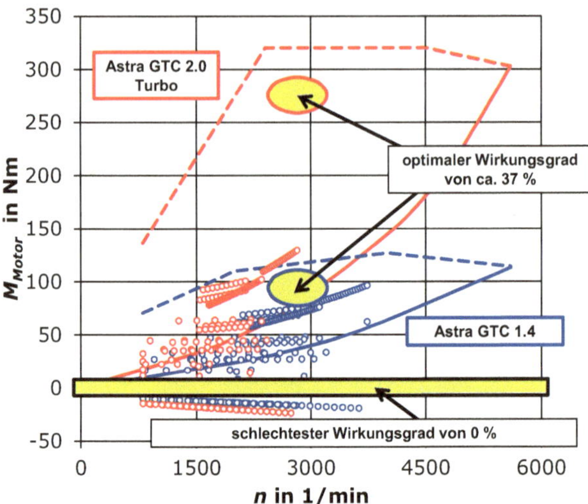

Abb. 1.30 Betriebspunkte im Kennfeld zweier unterschiedlich stark motorisierter Opel Astra GTC während des NEFZ: Man kann erkennen, dass sich der starke Motor „nicht anstrengen" muss und deswegen im Kennfeldbereich mit schlechtem Wirkungsgrad betrieben wird

gig vom Fahrzeuggewicht festzulegen. Das widerspricht aber der physikalischen Logik, dass ein schweres Fahrzeug auch mehr Energie beispielsweise beim Beschleunigen benötigt. Abb. 1.31 zeigt die CO_2-Emissionen aktueller Fahrzeuge in Abhängigkeit vom Fahrzeuggewicht. Man kann eine deutliche Abhängigkeit erkennen. Der europäische Gesetzgeber lässt ab 2020 aber nur die durch die gestrichelte Linie dargestellte Gewichtsabhängigkeit zu. Das bedeutet, dass schwere Fahrzeuge erheblich mehr technischen Aufwand betreiben müssen, um die Vorschriften einzuhalten, als leichtere Pkw. Wenn der mittlere CO_2-Ausstoß einer Fahrzeugflotte größer ist als der erlaubte Grenzwert, dann muss der Hersteller hohe Strafsteuern bezahlen. Diese liegen (umgerechnet auf eine Fahrstrecke von 200.000 km) in einer Größenordnung von 500 EUR pro Tonne CO_2. Diese Strafe ist wesentlich höher als die aktuellen Preise für CO_2-Zertifikate für Industrieabgase, die 2015 bei ca. 5 EUR pro Tonne CO_2 liegen (vergleiche (Schreiner, 2015)). Eine Möglichkeit, um auch mit schweren Fahrzeugen die CO_2-Grenzwerte einzuhalten, ist die Nutzung von sogenannten Plug-in-Hybrid-Antrieben (vergleiche Abschn. 1.10).

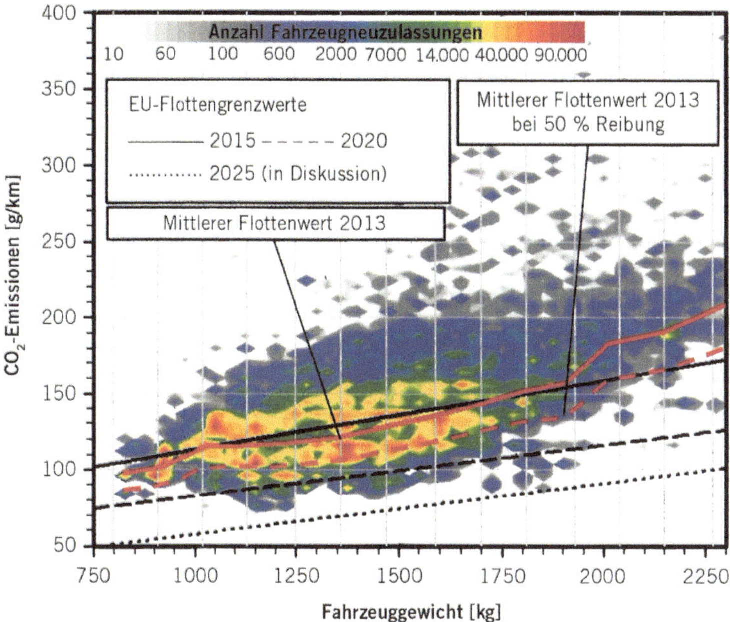

Abb. 1.31 Schwere Pkw produzieren aus physikalischen Gründen mehr CO_2 als leichte Fahrzeuge. Der europäische Gesetzgeber berücksichtigt das in den 2020er Grenzwerten. Allerdings ist die Steigung der gestrichelten Linie nicht so groß, wie es die Fahrzeugindustrie gerne hätte [Pischinger (2014)]

1.9 Motorelektronik

Moderne Motoren sollen in jedem Betriebspunkt und bei jeder möglichen Umgebungsbedingung optimal laufen. Das setzt voraus, dass man während des Motorbetriebs gewisse Parameter beeinflussen und ändern kann. Die wichtigsten Größen sind die Einspritzung (Dauer und Zeitpunkt) sowie beim Ottomotor der Zündzeitpunkt und die Steuerung der Drosselklappe. Hinzu kommen Beeinflussungen des Ladungswechsels, der Verbrennung, der Aufladung, des Kühlsystems, der Abgasreinigungsanlage, der Kühlwasserpumpe und vieler anderer Teilsysteme. Dazu werden Aktoren (oder auch Aktuatoren genannt) benötigt, die elektronisch von der Motorelektronik (ECU – Engine Control Unit) angesteuert werden. Damit die Motorelektronik weiß, in welchem Betriebszustand sich der Motor gerade befindet,

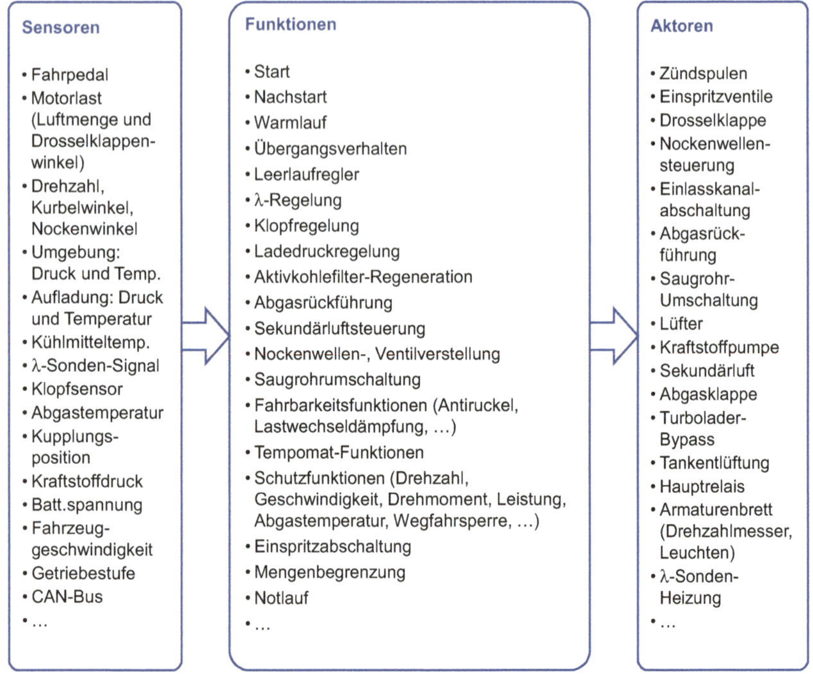

Abb. 1.32 Typische Sensoren, Steuergerätefunktionen und Aktoren einer Motor-ECU

werden viele Sensoren für die Motordrehzahl, für den Luftmassenstrom, für das Luftverhältnis λ (Lambdasonde) und für verschiedene Temperaturen und Drücke benötigt (vergleiche Abb. 1.32 und Abb. 1.33). Die genaue Festlegung (Applikation) der Parameter in den Steuergerätefunktionen ist ein sehr aufwendiger Vorgang, der große Erfahrung benötigt. Letztlich stellt man den Motor so ein, dass er die gesetzlichen Vorgaben bezüglich der Abgasemissionen erfüllt und darüber hinaus sparsam und leistungsstark ist (vergleiche Abb. 1.32).

Die Motorelektronik enthält einige Zehntausend Variablen (sogenannte Labels), die selbst wieder aus vielen Zahlenwerten bestehen können. Bevor ein Motor in Betrieb genommen werden kann, müssen viele dieser Labels mit sinnvollen Zahlenwerten bedatet werden. Deswegen ist der Applikationsprozess sehr aufwendig. Die Arbeit des Applikateurs wird heute teilweise von Computern übernommen. Man betreibt den Motor automatisch auf dem Prüfstand und überlässt es einem in-

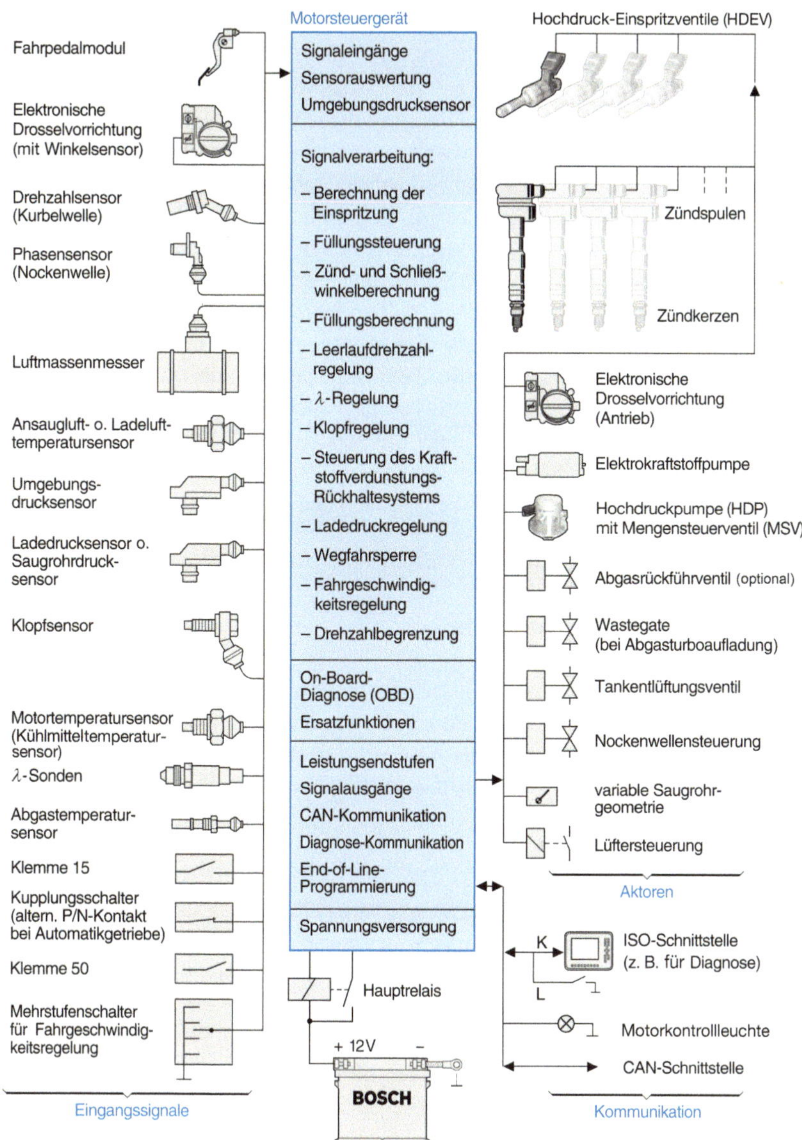

Abb. 1.33 Komponenten für die elektronische Steuerung und Regelung eines Ottomotors [Reif (2015b)]

telligenten Programm (Design of Experiments: DoE), die optimale Einstellung des Motors zu finden.

Die heutige Motorelektronik hat eine Fülle von Aufgaben zu erledigen. Sie muss den Motor nicht nur so betreiben, dass die Drehmomentwünsche des Fahrers erfüllt werden. Sie muss beispielsweise auch dafür sorgen, dass die Schadstoffemissionen unterhalb der gesetzlich erlaubten Grenzen liegen. Die Einhaltung der Emissionsgrenzwerte steht teilweise im Widerspruch zu den Fahrerwünschen nach einem hohen Drehmoment und günstigen Kraftstoffverbrauchswerten.

Durch eine Manipulation des Datensatzes in der Motorelektronik könnte man beispielsweise die Leistung erhöhen, würde dabei aber eventuell die Emissionsgrenzwerte überschreiten. Da diese Schadstoffemissionen im Betrieb des Fahrzeuges nicht mehr gemessen werden können, bietet sich hier eine Spielwiese für Chip-Tuner, die teilweise seriös, teilweise aber auch unseriös Motoren manipulieren. Um das zu verhindern, sind in der Motorelektronik Diagnosefunktionen (On-Board-Diagnose) enthalten. Diese versuchen, Manipulationen und auch Schäden an emissionsrelevanten Bauteilen zu erkennen und sie gegebenenfalls dem Fahrer zu melden.

1.10 Alternative Antriebe

Der Verbrennungsmotor (insbesondere der im Pkw) ist zurzeit sehr umstritten. In der Öffentlichkeit wird immer wieder gefordert, ihn durch modernere Antriebe zu ersetzen. Die am meisten genannte Alternative ist der Elektromotor (E-Mobilität). Zum Elektrofahrzeug ist zu sagen, dass es aus heutiger Sicht (im Jahr 2016) noch nicht konkurrenzfähig zum Verbrennungsmotor ist. Die Hauptprobleme der Elektromobilität sind:

- Die aufladbaren Batterien sind noch zu teuer.
- Die aufladbaren Batterien sind noch zu schwer.
- Es ist noch nicht sichergestellt, dass die Lebensdauer der Batterien so groß ist wie die des Fahrzeuges.

Als Alternative zu reinen Elektrofahrzeugen bieten sich sogenannte Hybridfahrzeuge an. Sie kombinieren zwei Antriebsmaschinen und zwei Energiespeicher. Heute versteht man darunter meistens die Kombination von Verbrennungsmotor (mit Kraftstofftank) und Elektromotor (mit aufladbarer Batterie). (Die Probleme mit den Antriebsbatterien sind die gleichen wie beim reinen Elektrofahrzeug. Allerdings müssen die Batterien im Hybridfahrzeug nicht so groß sein.) Die möglichen Vorteile von Hybridfahrzeugen sind:

- Bei ihnen ist eine Start-Stopp-Funktion sehr einfach zu realisieren.
- Manche können elektrisch bremsen (rekuperatives Bremsen) und somit Energie rückgewinnen und in die Batterien einspeisen.
- Manche Hybridfahrzeuge können beide Motoren gleichzeitig zum Beschleunigen verwenden und dadurch besonders gut beschleunigen (Boost-Funktion).
- Bei manchen Hybridantrieben versucht man, den Verbrennungsmotor nur in der Nähe seines Optimums zu betreiben. Den dann vorhandenen Leistungsüberschuss nutzt man zum Aufladen der Batterie.
- Die Abgas- und Geräusch-Emissionen sind bei reinem E-Betrieb sehr klein.
- Die für die Elektromotoren benötigte Hochspannung (in einer Größenordnung von 500 V) an Bord der Fahrzeuge kann für weitere elektrische Energieverbraucher (beispielsweise für eine elektrische Klimaanlage, elektrisch beheizte Abgasnachbehandlungssysteme oder elektrisch unterstützte Turbolader) genutzt werden. Das trägt zur Gesamtoptimierung des Fahrzeuges bei.

Natürlich haben Hybridfahrzeuge auch Nachteile: Sie sind schwerer und insbesondere auch aufwendiger und damit teurer als herkömmliche Fahrzeuge. Hinzu erfordert die Hochspannungstechnik entsprechende Sicherheitsvorkehrungen im Fahrzeug und auch in der Kfz-Werkstatt.

Es gibt mittlerweile eine große Vielfalt von Hybridfahrzeugen auf dem Markt. Sie unterscheiden sich wesentlich und nicht jedes kann alle oben genannten Vorteile umsetzen. Eine mögliche Einteilung besteht darin, die Leistung der beiden Motoren zu vergleichen (vergleiche Abb. 1.34): Beim kostengünstigen milden Hybridsystem ist der Elektromotor relativ schwach. Er dient zum Anfahren und eventuell auch zum Fahren bei kleiner Geschwindigkeit. Beim normalen Voll-Hybrid-System sind beide Motoren ungefähr gleich stark. Der Fahrer bzw. eine Elektronik kann dann selbst entscheiden, ob die gewünschte Geschwindigkeit elektrisch oder verbrennungsmotorisch erreicht wird. Die extreme Hybrid-Variante mit einem kleinen Verbrennungsmotor als Range-Extender kann nur so lange schnell fahren, wie die Batterien die elektrischen Fahrmotoren versorgen können. Wenn die Batterien weitgehend entladen sind, kann das Fahrzeug nur so schnell fahren, wie der Verbrennungsmotor Energie nachliefern kann. Pkw werden so ausgelegt, dass diese Reisegeschwindigkeit bei beispielsweise 130 km/h liegt.

Ganz allgemein ist zu vermuten, dass sich die Hybridtechnik insbesondere in schweren Fahrzeugen durchsetzen wird. Denn wie im Abschn. 1.8.2 schon erwähnt wurde, verlangt der europäische Gesetzgeber, dass der Kraftstoffverbrauch

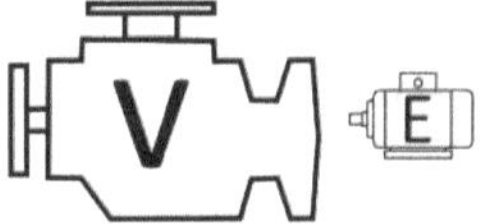
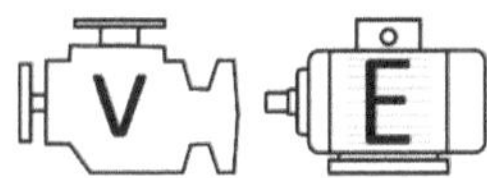
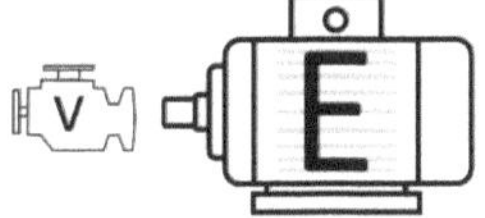

Mildes Hybridsystem:
Der E-Motor dient nur zum Anfahren und eventuell zum Fahren bei kleinen Geschwindigkeiten.

Normales Hybridsystem:
Der Fahrer bzw. eine Elektronik kann zu jeder Zeit entscheiden, ob das Fahrzeug mit dem V-Motor oder mit dem E-Motor fährt. Die elektrische Reichweite wird von der Batteriegröße bestimmt.

Extremes Hybridsystem:
Der Verbrennungsmotor dient nur zur Stromerzeugung (Range-Extender). Die elektrische Leistung ist größer als die des V-Motors. Das bedeutet, dass die maximale Reisegeschwindigkeit von der V-Motor-Leistung festgelegt wird. Nur wenn die Batterien geladen sind, kann die höhere E-Motor-Leistung kurzzeitig für eine höhere Geschwindigkeit genutzt werden.

Abb. 1.34 Einteilung der Hybridsysteme nach den Leistungen der beiden Motoren

(gemessen als CO_2-Emissionen) bis 2020 auf ca. 95 g CO_2 pro Kilometer sinkt. Schwere Fahrzeuge dürfen je nach Gewicht geringfügig mehr verbrauchen. Allerdings reicht dieses Zugeständnis nicht aus, um die für das Beschleunigen eines schweren Fahrzeuges benötigte Energie aufzubringen. Deswegen bietet die EU folgenden Ausweg an:

Elektrofahrzeuge sind in der EU definitionsgemäß CO_2-frei. Das entspricht zwar nicht der Realität, ist politisch aber so gewollt. Denn auch die meisten Methoden, um Strom zu erzeugen, sind nicht CO_2-neutral. Die Befürworter der Elektromobilität argumentieren, dass die E-Fahrzeuge auch Ökostrom tanken sollen. Die Gegner der Elektromobilität argumentieren, dass mehr Elektrofahrzeuge dazu führen, dass gerade die alten (Kohle-)Kraftwerke nicht abgeschaltet werden. Deswegen müsste man deren CO_2-Emissionen den Elektrofahrzeugen anlasten.

Abb. 1.35 zeigt die CO_2-Emissionen eines konkreten Pkw als Benzinvariante und als reines Elektrofahrzeug in Abhängigkeit von der Methode der Stromerzeugung. Man kann erkennen, dass beispielsweise in China dieses Fahrzeug im Elektrobetrieb mehr CO_2 verursacht als im verbrennungsmotorischen Betrieb. Man muss bei dieser Darstellung beachten, dass sie für ein bestimmtes Fahrzeug im NEFZ gilt. Man kann sie nicht einfach auf ein beliebiges anderes Fahrzeug oder auf andere Fahrzyklen übertragen. Das Bild stellt aber gut die Grundtendenz der Problematik dar.

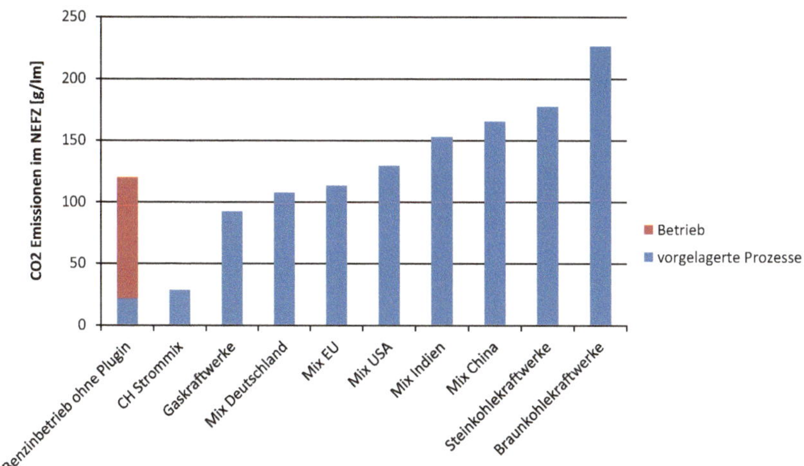

Abb. 1.35 CO_2-Emissionen eines konkreten Pkw im NEFZ in Abhängigkeit vom Strom-Mix: In der Schweiz tragen Elektroautos zur CO_2-Reduzierung bei. In China sind sie wegen der vielen Kohlekraftwerke für mehr CO_2 als die Benzinfahrzeuge verantwortlich [Soltic]

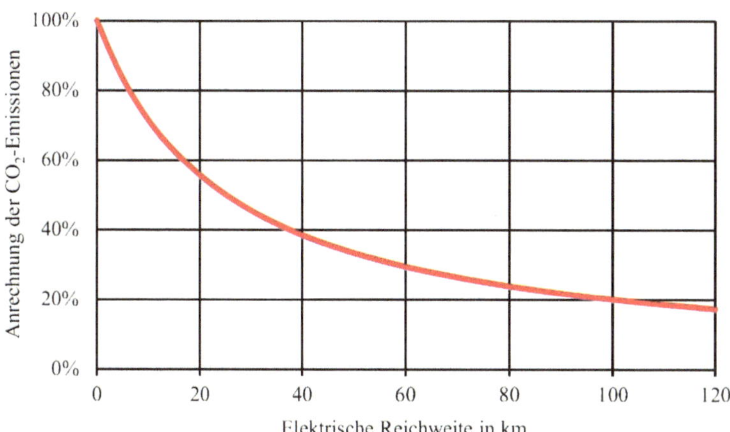

Abb. 1.36 Korrekturfaktor für die CO_2-Emissionen bei Plug-in-Hybridfahrzeugen: Bei einer elektrischen Reichweite von beispielsweise 40 Kilometern zählt der Kraftstoffverbrauch nur zu knapp 40 %. Und wenn das Fahrzeug im Verbrennungsmotorenbetrieb $10\,l/(100\,km)$ verbraucht, elektrisch aber $100\,km$ weit fahren kann, dann steht im Prospekt: $2\,l/(100\,km)$ [Schreiner (2015)]

Doch zurück zu den schweren Hybridfahrzeugen. Wenn diese als Plug-in-Hybride ausgestattet werden, sie also ihre Batterien an der Steckdose aufladen können, dann muss man eine Methode festlegen, wie die CO_2-Emissionen im realen Fahrbetrieb bestimmt werden. Denn wenn das Fahrzeug jeden Tag immer nur wenige Kilometer weit fährt und nachts die Batterien aufgeladen werden, dann ist es ein reines Elektrofahrzeug. Wenn es dagegen auf der Langstrecke betrieben wird, dann ist es fast ein reines Verbrennungsmotorfahrzeug. Die europäische Gesetzgebung hat die Methode festgelegt, wie man in einem solchen Fall die CO_2-Emissionen bestimmt. Zunächst werden sie im reinen verbrennungsmotorischen Betrieb auf dem Rollenprüfstand ermittelt. Danach werden sie rechnerisch korrigiert. Je größer die Batterie und damit die elektrische Reichweite des Fahrzeuges ist, umso weiter darf man sie nach unten korrigieren. Abb. 1.36 zeigt den Korrekturfaktor in Abhängigkeit von der elektrischen Reichweite. Bei einer elektrischen Reichweite von 40 km werden die CO_2-Emissionen auf einen Wert von knapp 40 % nach unten korrigiert. Mit einer entsprechend großen Batterie kann man so jedes schwere Fahrzeug auf einen CO_2-Wert von weniger als 95 g/km herunterrechnen.

Verbrennungsmotorische Berechnungen   2

2.1 Stöchiometrie

2.1.1 Mindestluftmenge

Bei den in Verbrennungsmotoren verwendeten Kraftstoffen handelt es sich im Allgemeinen um Kohlenwasserstoff-Verbindungen. (Nur vereinzelt werden Experimente mit reinem Wasserstoff gemacht.) Die einfachste HC-Verbindung ist Methan: CH_4. Methan verbrennt mit dem Sauerstoff der Luft zu Wasser (H_2O) und Kohlendioxid (CO_2):

$$CH_4 + 2\,O_2 \rightarrow CO_2 + 2\,H_2O \tag{2.1}$$

Unter Verwendung der Molmassen ($M_C = 12\,\mathrm{g/mol}$, $M_H = 1\,\mathrm{g/mol}$, $M_O = 16\,\mathrm{g/mol}$) kann man eine stöchiometrische Massenbilanz aufstellen:

$$16\,\mathrm{g} + 64\,\mathrm{g} = 44\,\mathrm{g} + 36\,\mathrm{g} \tag{2.2}$$

Zur Verbrennung von 16 g Methan werden also 64 g Sauerstoff benötigt. Dabei ergeben sich 44 g Kohlendioxid und 36 g Wasser.

Üblicherweise wird der Sauerstoff der Luft entnommen, in der er mit einem Massenanteil von 23,01 % enthalten ist. Die 64 g Sauerstoff entsprechen also 278,1 g Luft. Die Mindestluftmenge von Methan ergibt sich somit zu

$$L_{\min} = \frac{m_L}{m_B} = \frac{278{,}1\,\mathrm{g}}{16\,\mathrm{g}} = 17{,}38 \tag{2.3}$$

Kraftstoff wird üblicherweise mit einem tiefgestellten Buchstaben B (wie Brennstoff) abgekürzt.

Typische Zahlenwerte für die Mindestluftmenge handelsüblicher Kraftstoffe sind 14,5 für Benzin und 14,6 für Dieselkraftstoff.

© Springer Fachmedien Wiesbaden GmbH 2017
K. Schreiner, *Verbrennungsmotor – kurz und bündig*,
https://doi.org/10.1007/978-3-658-19426-0_2

2.1.2 Heizwert

Bei der Verbrennung wird Energie freigesetzt. Diese kann man sich als eine Art innerer Wärmequelle Q_B im Zylinder vorstellen. Q_B ergibt sich als Produkt der verbrannten Kraftstoffmasse und des Heizwerts H_U des Kraftstoffes:

$$Q_B = m_B \cdot H_U \tag{2.4}$$

Der Heizwert kann als die spezifische Reaktionsenthalpie der stöchiometrischen Gleichung verstanden werden. Typische Zahlenwerte für die Heizwerte handelsüblicher Kraftstoffe sind 42,0 MJ/kg für Benzin und 42,8 MJ/kg für Dieselkraftstoff.

2.1.3 Luftverhältnis

Wenn der Kraftstoff nicht mit der stöchiometrischen Luftmenge, sondern mit Luftüberschuss (mageres Gemisch) oder mit Luftmangel (fettes Gemisch) verbrannt wird, dann verwendet man zur Kennzeichnung des Gemisches das Luftverhältnis λ:

$$\lambda = \frac{m_L}{m_B \cdot L_{min}} \tag{2.5}$$

Benzin muss immer mit einem Luftverhältnis zwischen etwa 0,7 und 1,3 gezündet werden, damit die Verbrennung ausgelöst wird. Der 3-Wege-Katalysator verlangt darüber hinaus ein Luftverhältnis von 1. Dieselkraftstoff ist diesbezüglich weniger empfindlich. Er kann mit nahezu beliebigen Luftverhältnissen brennen. Allerdings neigt die dieselmotorische Verbrennung zur Rußbildung, wenn das Luftverhältnis kleiner als etwa 1,3 wird. Deswegen werden Dieselmotoren im Allgemeinen mit einem (deutlichen) Luftüberschuss betrieben.

2.2 Kenngrößen

Motorenentwickler verwenden gerne Kenngrößen, um die Eigenschaften eines Verbrennungsmotors zu charakterisieren. Durch die Verwendung von Kenngrößen kann man Motoren verschiedener Hersteller, Anwendungen und Größen gut miteinander vergleichen. Tab. 2.1 zeigt wichtige Kenngrößen unterschiedlicher Motoren. Die folgenden Abschnitte gehen auf diese Kenngrößen näher ein.

Tab. 2.1 Typische Kenngrößen von Otto- und Dieselmotoren in verschiedenen Anwendungen

Motor	n_{max} 1/min	V_h dm^3	v_m m/s	$p_{e,max}$ bar	ε	p_{max} bar	$\eta_{e,opt}$	$\eta_{e,nenn}$	$b_{e,opt}$ g/(kWh)	$b_{e,nenn}$ g/(kWh)
Ottomotoren										
Pkw (ohne Aufladung)	6000–8000	0,3–0,5	20	13	13	60	0,37	0,30	230	290
Pkw (mit Aufladung)	6000	0,3–0.5	20	20	11	120	0,37	0,30	230	290
Dieselmotoren										
Pkw (mit Aufladung)	5000	0,3–0.5	15	22	16	200	0,42	0,37	200	230
Lkw (mit Aufladung)	1800–3000	1–2	13	24	16	220	0,45	0,40	190	210
größere Schnellläufer	1000–2500	2–20	15	30	16	180	0,45	0,45	190	190
Mittelschnellläufer	200–1200	10–300	10	25	15	200	0,50	0,50	170	170
Langsamläufer (2-Takt)	<100	100–2000	8	18	15	200	0,52	0,52	160	160

2.2.1 Hubvolumen

Die wichtigste geometrische Größe eines Verbrennungsmotors ist das Motorhubvolumen V_H. Es ergibt sich als Produkt des Zylinderhubvolumens V_h und der Zylinderzahl z:

$$V_H = z \cdot V_h \tag{2.6}$$

Das Zylinderhubvolumen selbst lässt sich aus dem Zylinder-Durchmesser (der Bohrung D) und dem Kolbenhub s berechnen (vergleiche Abb. 1.4):

$$V_h = \frac{\pi}{4} \cdot D^2 \cdot s \tag{2.7}$$

2.2.2 Leistung und Drehmoment

Die Leistung eines Verbrennungsmotors P kann mit der aus der Physik bekannten Gleichungen für rotierende Maschinen aus dem Drehmoment M und der Drehzahl n berechnet werden:

$$P = 2 \cdot \pi \cdot n \cdot M \tag{2.8}$$

Dabei muss man unterscheiden, wo die Leistung gemessen wird. Die Leistung, die den Kolben im Zylinder nach unten drückt, ist die innere Leistung P_i. Die effektive Leistung an der Kupplung des Motors ist P_e. Die Differenz zwischen beiden ist die durch Reibung und sonstige Verluste im Motor verursachte Reibleistung P_r. In gleicher Weise kann man auch von einem inneren Moment M_i, einem effektiven Moment M_e und einem Reibmoment M_r sprechen. Beim effektiven Moment lässt man häufig auch den Index e weg.

2.2.3 Mitteldruck

Es ist leicht nachvollziehbar, dass die Leistung eines Motors proportional zur Motorgröße (dem Motorhubvolumen) und der Drehzahl ist:

$$P_e \sim n \cdot V_H \tag{2.9}$$

Die Proportionalitätskonstante hat die Einheit eines Druckes, weswegen man sie auch als effektiven Mitteldruck p_e bezeichnet. (Viele Bücher verwenden die nicht normgerechte, aber allgemein übliche Abkürzung p_{me}.) Das führt dann zur Gleichung

$$P_e = i \cdot n \cdot p_e \cdot V_H \tag{2.10}$$

Die Gleichung enthält noch die Taktzahl i. Für sie gilt:

$i = 1$ beim 2-Takt-Motor
$i = 0{,}5$ beim 4-Takt-Motor

Damit bringt man zum Ausdruck, dass beim 4-Takt-Motor die Drehzahl „nur zur Hälfte zählt", weil der Motor nur jede zweite Umdrehung eine Verbrennung aufweist.

Der effektive Mitteldruck ist eine der wichtigsten Kenngrößen eines Verbrennungsmotors. Er beschreibt die Qualität eines Motors als eine auf das Motorhubvolumen und die Motordrehzahl bezogene Leistung. Die Motorenfachleute nutzen diese Größe gerne auch als inneren Mitteldruck p_i und als Reibmitteldruck p_r. Für viele Motoren gilt, dass der Reibmitteldruck in einer Größenordnung von 1 bis 2 bar liegt. Damit kann man die Reibungsverhältnisse unabhängig von der Motorgröße abschätzen.

Den inneren Mitteldruck p_i kann man auch anders herleiten und verstehen. In Abb. 1.7 wurde bereits der Druckverlauf während eines Arbeitsspiels im Zylinder eines 4-Takt-Motors dargestellt. Die Thermodynamik sagt, dass die Fläche, die vom Kreisprozess im p-V-Diagramm umschlossen wird, gleich der Arbeit des Prozesses ist. Dabei muss man den Umlaufsinn der Fläche berücksichtigen. Flächen, die in Uhrzeigerdrehung umlaufen werden, geben Arbeit ab und sind damit für einen Verbrennungsmotor wertvoll. Die Ladungswechselfläche, die in der Gegenrichtung umlaufen wird, stellt für den Verbrennungsmotor den Ladungswechselverlust dar. Man kann im p-V-Diagramm eine Rechteckfläche konstruieren, die genauso groß ist wie die vom Kreisprozess umschlossene Fläche. Diese Fläche hat als waagerechte Abmessung das Zylinderhubvolumen. Die senkrechte Abmessung hat die Dimension eines Druckes und ist der schon oben erwähnte innere Mitteldruck (vergleiche Abb. 2.1). (Die Messtechnik, mit der man den Druckverlauf im Innern eines Zylinders misst, heißt Zylinderdruckindizierung. Deswegen sagt man zum inneren Mitteldruck häufig auch indizierter Mitteldruck.) Thermodynamisch kann man das so formulieren: Die innere oder indizierte Arbeit W_i ergibt sich zu

$$W_i = \oint p \cdot dV = p_i \cdot V_h \tag{2.11}$$

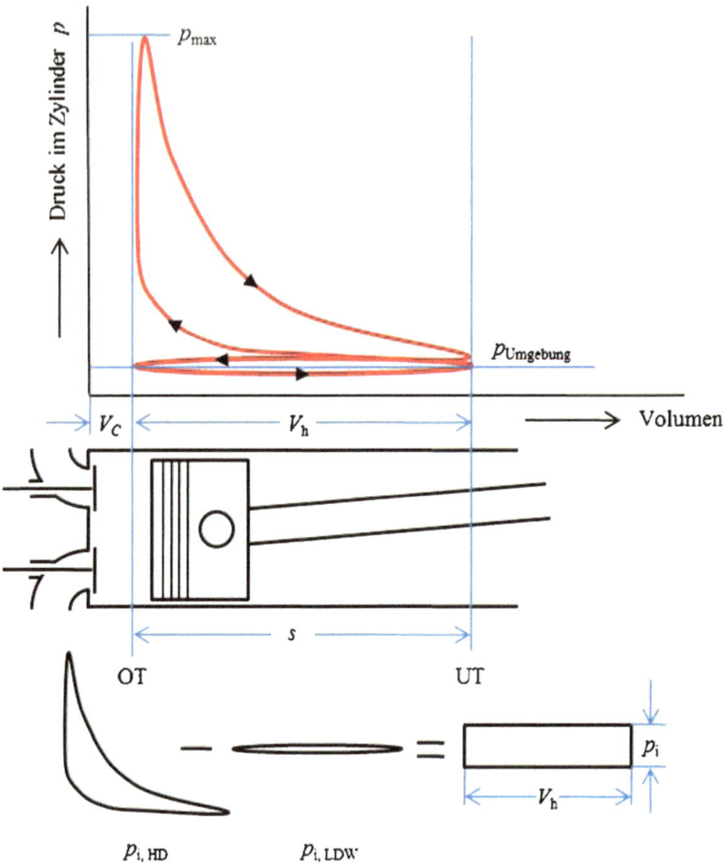

Abb. 2.1 p-V-Diagramm eines realen 4-Takt-Motors: Die vom Kreisprozess umschlossene Fläche ist die innere Arbeit. Man kann sie auch als Rechteckfläche mit den Abmessungen Zylinderhubvolumen und innerer Mitteldruck p_i darstellen [Schreiner (2015)]

Hinweis In der Thermodynamik wird die innere Arbeit eigentlich mit einem negativen Vorzeichen versehen, weil abgegebene Arbeiten definitionsgemäß ein negatives Vorzeichen haben. Die Motorenentwickler lassen das Minuszeichen aber weg. Denn sonst müsste man thermodynamisch richtig, aber umgangssprachlich eigenartig beispielsweise sagen: Der Verbrennungsmotor hat eine Leistung von minus 100 Kilowatt.

2.2.4 Wirkungsgrad und Kraftstoffverbrauch

Die nächste Gruppe von Kenngrößen sind die Wirkungsgrade η. Sie beschreiben das Verhältnis von Nutzen zu Aufwand (vergleiche Abschn. 1.1). Beim Verbrennungsmotor liegt der Nutzen in der mechanischen Leistung P_e. Der Aufwand steckt im Kraftstoffmassenstrom $\dot{m}_B$ unter Berücksichtigung des Heizwertes H_U:

$$\eta_e = \frac{P_e}{\dot{m}_B \cdot H_U} \tag{2.12}$$

Wenn man statt der effektiven Leistung die innere Leistung P_i verwendet, erhält man den inneren Wirkungsgrad η_i. Das Verhältnis dieser beiden Wirkungsgrade ist der mechanische Wirkungsgrad η_m:

$$\eta_m = \frac{P_e}{P_i} = \frac{\eta_e}{\eta_i} \tag{2.13}$$

In der Motorenentwicklung verwendet man häufig statt dem effektiven Wirkungsgrad eines Motors den effektiven spezifischen Kraftstoffverbrauch b_e:

$$b_e = \frac{\dot{m}_B}{P_e} = \frac{1}{\eta_e \cdot H_U} \tag{2.14}$$

Die Kenngröße ist sehr leicht zu verstehen, denn sie drückt aus, welchen Kraftstoffmassenstrom man benötigt, um eine bestimmte effektive Leistung zu erzielen. Die gebräuchliche Einheit für b_e ist demnach g/(kWh). In gleicher Weise kann man auch einen indizierten oder inneren spezifischen Kraftstoffverbrauch definieren:

$$b_i = \frac{\dot{m}_B}{P_i} = \frac{1}{\eta_i \cdot H_U} \tag{2.15}$$

Typische Bestwerte für den effektiven spezifischen Kraftstoffverbrauch bei Pkw-Motoren sind 200 g/(kWh) bei Dieselmotoren und 230 g/(kWh) bei Ottomotoren.

Bei Pkw gibt man noch eine ganz andere Art von Kraftstoffverbrauch an, nämlich den streckenbezogenen Kraftstoffverbrauch V_S in der Einheit l/(100 km):

$$V_S = \frac{\dot{V}_B}{v_{Pkw}} \tag{2.16}$$

Er ergibt sich aus dem Kraftstoffvolumenstrom $\dot{V}_B$ und der Fahrzeuggeschwindigkeit v_{Pkw}. Genaugenommen hat diese Größe mit dem Verbrennungsmotor nur indirekt zu tun. Denn sie berücksichtigt das ganze Fahrzeug und hängt natürlich beispielsweise auch vom Luft- und vom Rollwiderstand ab.

2.2.5 Luftaufwand und Liefergrad

Im Abschn. 1.4.1 wurde der Verbrennungsmotor als „Luftpumpe" bezeichnet. Im Idealfall saugt der Motor pro Arbeitsspiel so viel Ladung an, wie im Motorhubvolumen Platz ist. Multipliziert mit der Luftdichte ρ_L ergibt sich dann der Luftmassenstrom $\dot{m}_\mathrm{L,ideal}$:

$$\dot{m}_\mathrm{L,ideal} = i \cdot n \cdot \rho_\mathrm{L} \cdot V_\mathrm{H} \tag{2.17}$$

Die Luftdichte kann man mit der thermischen Zustandsgleichung für ideale Gase (vergleiche (Schreiner, 2015)) aus dem Luftdruck p, der Lufttemperatur T und der Gaskonstanten für Luft R berechnen:

$$\rho_\mathrm{L} = \left(\frac{p}{R \cdot T}\right)_\mathrm{vor\,Zyl} \tag{2.18}$$

Der Zustand „vor Zylinder" entspricht beim ungedrosselten Motor näherungsweise dem Umgebungszustand. Beim gedrosselten Motor entspricht er dem Zustand nach der Drosselklappe und beim aufgeladenen Motor dem Zustand der Ladeluft.

Im realen Fall wird der Motor weniger Ladung ansaugen, als es dem Idealfall entspricht. Denn die Ventile öffnen nur eine relativ kleine Fläche des Zylinderquerschnittes. Und bei hohen Drehzahlen reicht die Zeit oft kaum aus, um den Zylinder vollständig mit Luft zu füllen. Deswegen kann man einen Wirkungsgrad des Ladungswechsels definieren, der beschreibt, wie gut der reale Massenstrom dem ideal möglichen entspricht. Dieser Wirkungsgrad des Ladungswechsels heißt in der englischsprachigen Literatur „volumetrischer Wirkungsgrad", was man gut verstehen kann. In der deutschen Literatur wird er als Luftaufwand λ_a bezeichnet:

$$\lambda_\mathrm{a} = \frac{\dot{m}_\mathrm{Ladung\,durch\,den\,Motor}}{\dot{m}_\mathrm{L,ideal}} \tag{2.19}$$

Bei manchen Motoren sind die Einlass- und die Auslassventile kurzzeitig gemeinsam geöffnet (Ventilüberschneidung, vergleiche Abschn. 1.3.1). Dann kann es zum Durchströmen der Ladung kommen, sodass angesaugte Ladung direkt in den Abgaskanal gelangt. Dann verbleibt im Zylinder nicht so viel Ladung, wie durch die Einlassventile angesaugt wurde. Der Liefergrad λ_l beschreibt diesen Effekt, indem er die tatsächlich im Zylinder vorhandene Ladungsmasse berücksichtigt:

$$\lambda_\mathrm{l} = \frac{\dot{m}_\mathrm{Ladung\,im\,Zylinder}}{\dot{m}_\mathrm{L,ideal}} = \frac{i \cdot n \cdot m_\mathrm{Ladung\,im\,Zylinder}}{\dot{m}_\mathrm{L,ideal}} \tag{2.20}$$

Moderne Motoren haben im Allgemeinen 4-Ventil-Technik (zwei Einlass- und zwei Auslassventil pro Zylinder) und optimierte Ansaug- und Abgassysteme. Deswegen sind die heutigen Luftaufwandzahlen recht hoch und liegen häufig in einer Größenordnung von 0,9 bis 1,0. Bei einer besonders guten Abstimmung der Ansaugsysteme (vergleiche Abschn. 1.4.1 und Kap. 4) können durch dynamische Effekte λ_a-Werte von bis zu 1,1 erreicht werden: Der Motor saugt also mehr Ladung an, als es dem mittleren Druck vor Zylinder entspricht. Das ist gewissermaßen eine leichte Aufladung durch geschickte Ausnutzung der Druckdynamik.

2.2.6 Mittlere Kolbengeschwindigkeit

Die Geschwindigkeit des Kolbens ändert sich ständig mit der Kurbelwellenumdrehung. Man kann aber eine mittlere Kolbengeschwindigkeit v_m (vergleiche Abschn. 1.5.1) dahingehend definieren, dass der Kolben während einer Motorumdrehung zweimal den Kolbenhub s zurücklegt:

$$v_m = 2 \cdot s \cdot n \tag{2.21}$$

Die mittlere Kolbengeschwindigkeit ist ein Maß für die Belastung insbesondere der Bauteilgruppe Kolbenringe/Kolben/Laufbuchse. Typische Zahlenwerte sind etwa 20 m/s bei Pkw-Motoren und 10 m/s bei langsamlaufenden Schiffsdieselmotoren.

2.2.7 Hub-Bohrung-Verhältnis

Wenn man (vielleicht bei einer sportlichen Motorauslegung) die Drehzahl erhöhen möchte, dann muss man den Kolbenhub entsprechend reduzieren, um die mittlere Kolbengeschwindigkeit und damit den Verschleiß nicht anwachsen zu lassen. Der kleinere Kolbenhub würde das Zylinderhubvolumen verringern und muss mit einem größeren Zylinderdurchmesser D kompensiert werden. Dadurch ändert sich das Hub-Bohrung-Verhältnis s/D. Pkw-Benzinmotoren haben hier üblicherweise Werte von etwa 1. Sportliche Motoren haben Werte kleiner 1 („Kurzhuber") bis hinunter zu 0,5 bei Rennmotoren. Dieselmotoren haben Werte leicht größer 1 („Langhuber") bis hin zu 4 bei langsamlaufenden Schiffsdieselmotoren.

2.3 Motorsimulation

Experimente an Verbrennungsmotoren werden üblicherweise auf Motorprüfständen durchgeführt. Diese sind aufwendig und erfordern eine zum Teil sehr teure Messtechnik. So kostet beispielsweise die Abgasmessanlage zur Bestimmung der gasförmigen Schadstoffkonzentrationen ca. 300.000 EUR. Schon lange versucht man deswegen, einen Teil der Prüfstandsarbeiten durch Simulationen zu ersetzen. Die einfachen thermodynamischen Berechnungen, die zu den bekannten Gleichraum- und Gleichdruckprozessen führen, sind viel zu ungenau. Komplizierte thermodynamische Berechnungen sind aufwendig und erfordern eine Kalibrierung der Modelle durch Messwerte. Besonders komplex ist die Kalibrierung der Modelle für die Verbrennung. Letztlich gelingt es noch keinem Verbrennungsmodell, alle Änderungen, die an einem Motor vorgenommen werden können (Zündzeitpunkt bei Ottomotor, Einspritzbeginn, Voreinspritzung und Einspritzdruck beim Dieselmotor, Luftbewegungen und Turbulenzen im Brennraum, Hydraulik der Einspritzanlage, …), so zu berücksichtigen, dass die Verbrennung richtig vorausberechnet wird. Deswegen ist es immer notwendig, die Verbrennung im Innern des Zylinders zu messen, um die Verbrennungsmodelle der Simulationstools zu kalibrieren. Die Standardmethode hierfür ist die Methode der Zylinderdruckindizierung mit anschließender Druckverlaufsanalyse (Schreiner, 2015). Man misst dazu mit einer aufwendigen Messtechnik den Druck im Zylinder des Motors mit einer hohen zeitlichen Auflösung und wertet ihn thermodynamisch aus. Als Ergebnis erhält man den sogenannten Brennverlauf, der die zeitliche Energiefreisetzung durch die Verbrennung beschreibt.

Neben der thermodynamischen Simulation werden Verbrennungsmotoren auch mit 3D-Strömungssimulationen berechnet. Hierbei geht es vor allem um die Strömungsverhältnisse im Ansaugsystem, im Zylinderkopf, im Zylinder und im Abgassystem. Mit hydraulischen Simulationen werden vor allem die Einspritzanlage sowie die Schmieröl- und Kühlkreisläufe untersucht. Mechanische Simulationen untersuchen die Belastungen und die Haltbarkeit der Bauteile.

Verbrennungsmotoren bestehen aus den Hauptbaugruppen Kurbeltrieb (Kurbelwelle, Pleuelstange und Kolben), Motorgehäuse und Ventiltrieb. Hinzu kommen die Baugruppen und Aggregate, die für den Betrieb erforderlich sind, wie Kraftstoffsystem, Abgasanlage, Motorelektrik, Kühl- und Schmiersystem. Abb. 3.1 zeigt die Hauptbaugruppen des 1,0-l-Dreizylinder-TSI-Motors von Volkswagen. Abb. 3.2 zeigt den Querschnitt durch einen Dieselmotor.

3.1 Kolben

Der Kolben ist das zentrale Bauteil, das die durch die Verbrennung freigesetzte Energie in Arbeit umwandelt.

Aufgaben
Der Kolben

- dichtet den Verbrennungsraum gegen das Kurbelgehäuse ab.
- nimmt den bei der Verbrennung entstehenden Gasdruck auf und gibt ihn als Kraft an die Pleuelstange weiter.
- nimmt einen Teil der durch die Verbrennung freigesetzten Wärme auf und leitet diese an die Laufbuchse und an das Schmieröl weiter.
- unterstützt die Luftbewegung und damit die Gemischbildung im Brennraum.

Belastungen
Der Kolben wird durch den Gasdruck sehr großen Kräften ausgesetzt. Hinzu kommen die Massenträgheitskräfte durch die oszillierende Bewegung des Kolbens. Weil die Kolbenkraft an die im Allgemeinen schräg stehende Pleuelstange abgegeben wird, verbleibt eine Restkraft, die den Kolben an die Zylinderwand drückt.

© Springer Fachmedien Wiesbaden GmbH 2017
K. Schreiner, *Verbrennungsmotor – kurz und bündig*,
https://doi.org/10.1007/978-3-658-19426-0_3

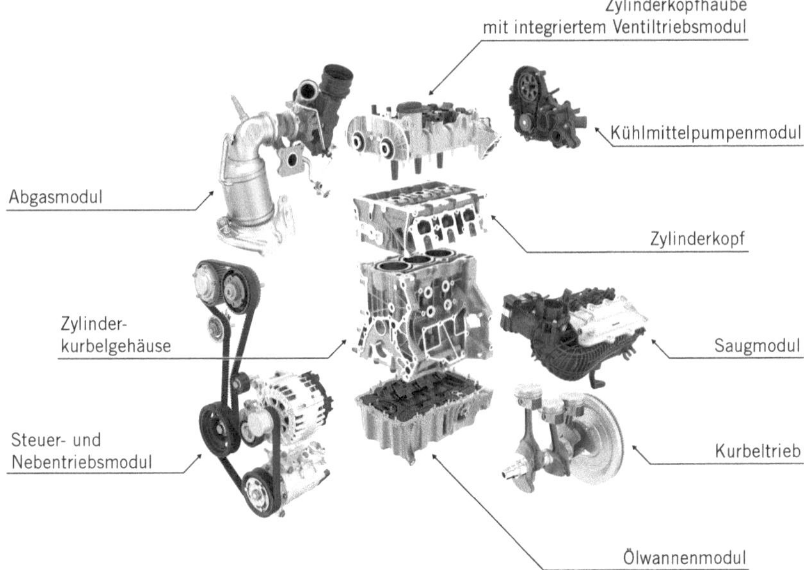

Abb. 3.1 Hauptbaugruppen des 1,0-l-Dreizylinder-TSI-Motors von VW [Eichler et al. (2014)]

Durch die Pendelbewegung der Pleuelstange ändert diese Seitenkraft während eines Arbeitsspiels ihre Größe und ihre Richtung. Durch die Seitenkraft schlägt der Kolben während eines Arbeitsspiels eventuell mehrfach an die Zylinderwand. Dieses Verschleiß hervorrufende Phänomen kann abgemildert werden. Dazu versetzt man die Kolbenbolzenachse um etwa 1 mm von der Symmetrieachse (Desachsierung). Alternativ kann man auch die Zylinderachse gegenüber der Kurbelwelle etwas versetzen (vergleiche Abb. 1.4).

Zusätzlich zu den Gas- und Massenkräften wird der Kolben auch durch Reibungskräfte belastet. Diese sind nicht unerheblich und erhöhen den Kraftstoffverbrauch des Motors gerade im Schwachlastgebiet.

Durch die hohen Massenkräfte und durch die thermische Belastung deformiert sich der Kolben auf eine charakteristische Weise (vergleiche Abb. 3.3). Dem begegnet man, indem man den Kolben unsymmetrisch (oval statt rund und ballig statt zylindrisch) fertigt. Im kalten Zustand hat der Kolben dann im Zylinder ein relativ großes Spiel, das im betriebswarmen Zustand kleiner wird.

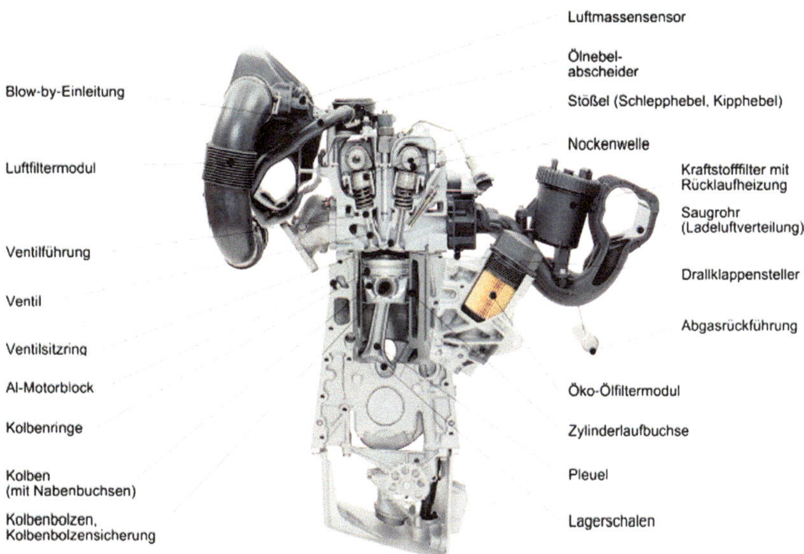

Abb. 3.2 Querschnitt durch einen Dieselmotor [Mahle GmbH]

Abb. 3.3 Deformation von Kolben und Bolzen unter der Gaskraft [Pischinger]

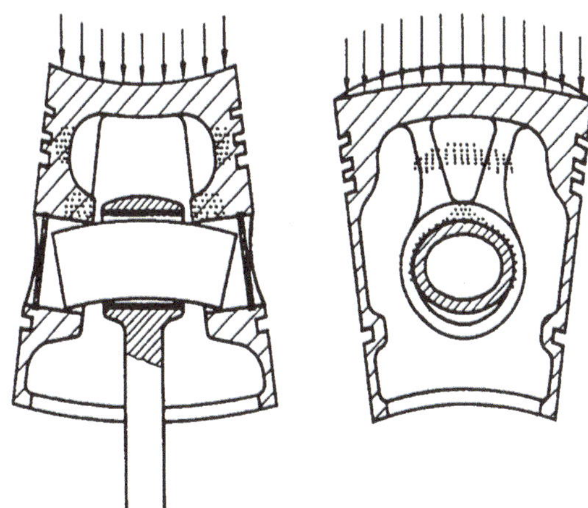

Werkstoffe und Herstellung

Aufgrund der hohen Belastungen sollen Kolben und ihre Werkstoffe folgende Eigenschaften haben:

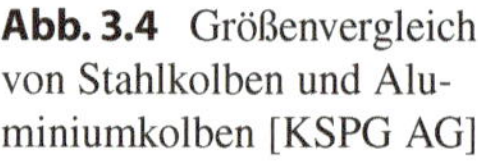

Abb. 3.4 Größenvergleich von Stahlkolben und Aluminiumkolben [KSPG AG]

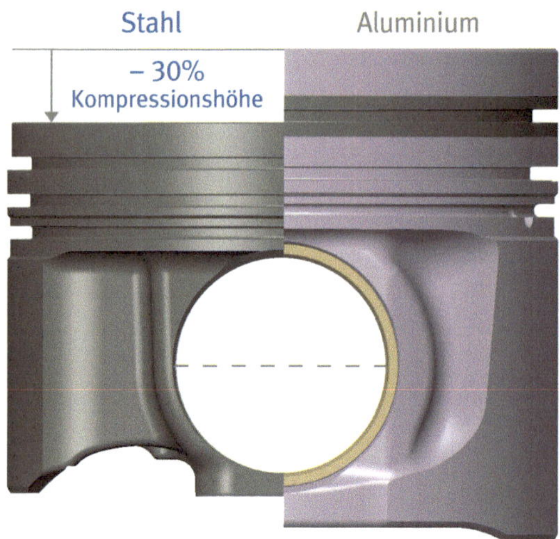

- eine geringe Dichte
- eine hohe Festigkeit
- eine gute Wärmeleitfähigkeit
- eine geringe Wärmeausdehnung
- eine geringe Reibung
- einen geringen Verschleiß
- einen geringen Ölverbrauch
- wenig Laufgeräusch

Um das zu erreichen, verwendet man als Werkstoff meistens Aluminium-Silizium-Legierungen. Sehr hoch belastete Kolben werden aus Stahl hergestellt (vergleiche Abb. 3.4). Die Dichte von Stahl ist zwar deutlich größer als die von Aluminium. Durch die höhere Festigkeit von Stahl kann dieser Nachteil aber weitgehend ausgeglichen werden. Durch die immer weitere Anhebung der Verbrennungshöchstdrücke ist zu erwarten, dass der Anteil von Stahlkolben in den nächsten Jahren noch steigen wird.

Kolben werden meistens gegossen, bei hohen Belastungen aber auch geschmiedet (gepresst). Die Lauffläche (Kolbenschaft) wird häufig beschichtet, um ein besseres (Einlauf-)Verhalten und weniger Reibung zu erzielen. Hierzu verwendet man eine galvanisch aufgetragene Eisen- oder Zinnschicht sowie Kunstharzbeschichtungen, die verschiedene Materialien wie Grafit, Titanoxid oder Molybdän enthalten können.

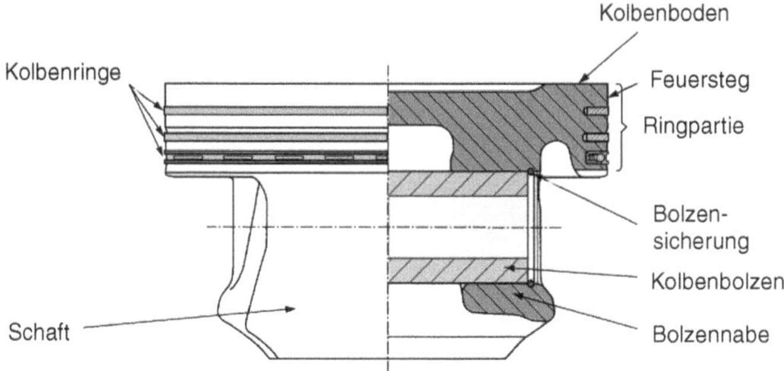

Abb. 3.5 Leichtbaukolben eines Ottomotors (Mahle) [Braess und Seiffert (2013)]

Gestaltung

Abb. 3.5 zeigt wichtige Bezeichnungen an Kolben.

Kolben werden insbesondere bei hohen Drehzahlen großen Beschleunigungen ausgesetzt. Um die Kräfte klein zu halten, ist man bestrebt, die Kolbenmasse möglichst gering zu halten. Das geschieht in erster Linie durch eine möglichst geringe Kompressionshöhe. (Das ist die Bauhöhe zwischen Kolbenbolzenmitte und Kolbenoberkante.) Da Kolben stark thermisch belastet werden, muss ihre Temperatur teilweise mit Zusatzmaßnahmen abgesenkt werden. Eine Möglichkeit ist es, den Kolben von unten mit Schmieröl anzuspritzen. Dieses kühlt dann die Kolbenunterseite. Besser ist es, in den Kolben Kühlkanäle einzugießen und das Schmieröl

Abb. 3.6 Pkw-Diesel-Kolben mit gekühltem Ringträger [Basshuysen und Schäfer (2015)]

über entsprechende Bohrungen in diese Kühlkanäle zu spritzen. Dadurch wird der Kolben von innen gekühlt. Abb. 3.6 zeigt einen Dieselmotor-Kolben mit eingegossenem Kühlkanal.

Um den Verschleiß der sehr stark beanspruchten Nut des obersten Kolbenrings zu begrenzen, wird teilweise ein Ringträger in den Kolben eingegossen. Diesen kann man in Abb. 3.6 ebenfalls erkennen.

3.2 Kolbenringe

Kolben enthalten im Allgemeinen mehrere Nuten, in denen Kolbenringe eingebaut sind.

Aufgaben

Die oberen Kolbenringe (Verdichtungsringe) sollen

- den Brennraum gegen das Kurbelgehäuse abdichten
- Wärme vom Kolben auf die Laufbuchse übertragen

Die unteren Kolbenringe (Ölabstreifringe) sollen den Schmierölverbrauch der Kombination Kolben-Kolbenringe-Laufbuchse so einstellen, dass der Ölverbrauch nicht zu hoch wird und gleichzeitig die Reibung und der Verschleiß minimiert werden.

Gestaltung

Kolbenringe sind elastisch und liegen unter radialer Vorspannung an der Zylinderwand an. Ihre Dichtwirkung wird aber nicht durch diese Elastizität, sondern durch Verformungen durch den Gasdruck erreicht (vergleiche Abb. 3.7). Um eine hohe Dichtwirkung und zugleich eine geringe Reibung und einen geringen Verschleiß zu erreichen, haben die Kolbenringe an der Lauffläche spezielle geometrische Anschrägungen (Trapez- oder Nasenminutenringe, vergleiche Abb. 3.8). Als Ölabstreifringe kommen Dachfasen-, Ölschlitz-, Schlauchfeder- und Lamellenringe zum Einsatz. Die Ölabstreifringnut ist mit Bohrungen versehen, durch die das Öl auf die Kolbenschaftinnenseite gedrückt wird (Kolbenbolzenschmierung).

Werkstoffe und Herstellung

Kolbenringe bestehen meistens aus vergütetem Gusseisen oder aus hochlegiertem Stahl. Ihre Lauffläche ist oft beschichtet (Molybdän, Chrom, Phosphat, Zinn).

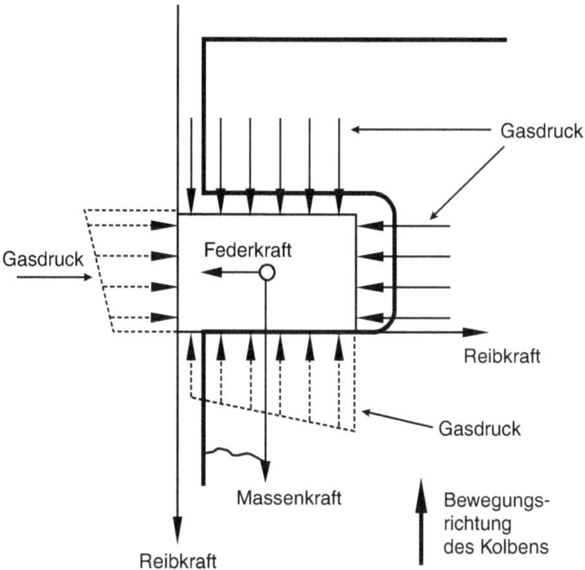

Abb. 3.7 Kräfte am Kolbenring: Die Dichtwirkung ergibt sich durch den Gasdruck, der von oben und von hinten den Kolbenring an die Ringnut und an die Laufbuchse drückt [Basshuysen und Schäfer (2015)]

3.3 Kolbenbolzen

Der Kolbenbolzen überträgt die Kräfte vom Kolben auf die Pleuelstange. Um die oszillierenden Massenkräfte klein zu halten, muss seine Masse möglichst gering sein (Hohlbohrung). Die Belastung des Kolbenbolzens ändert sich während des Arbeitsspiels sehr schnell. Er wird auf Flächenpressung, Biegung und Ovalverformung (Durchmesservergrößerung quer zur Belastungsrichtung) beansprucht, weswegen er eine hohe Wechselfestigkeit und Zähigkeit aufweisen muss. Wegen der nur geringen Relativbewegung (Drehbewegung) zwischen Kolben und Bolzen bzw. Bolzen und Pleuel liegen zudem ungünstige Schmierverhältnisse vor. Als Werkstoffe werden Einsatzstähle und Nitrierstähle verwendet, die nach dem Oberflächenhärten durch Schleifen und Kurzhubhonen (Superfinish) feinbearbeitet werden.

Nach der Bolzenlagerung unterscheidet man Klemmpleuel und schwimmende Lagerung, bei der sich der Bolzen frei in der Bolzenaugen- und Pleuelbohrung

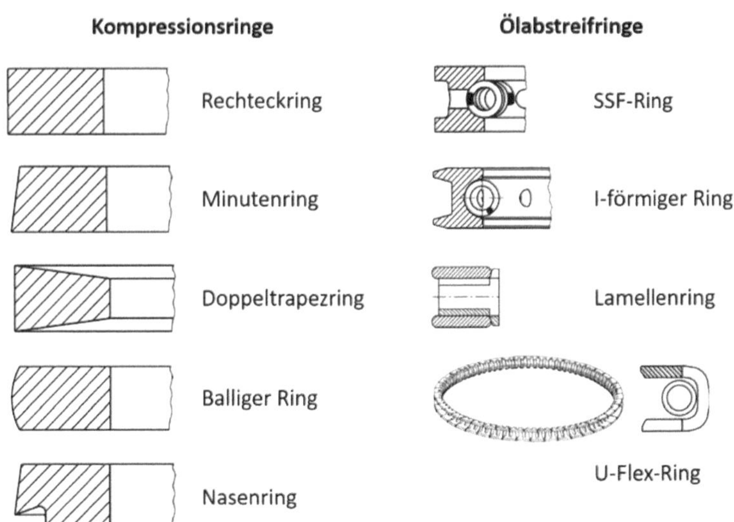

Abb. 3.8 Kolbenringbauarten. *Links*: Kompressionsringe. *Rechts*: Ölabstreifringe [nach Mahle GmbH (2009)]

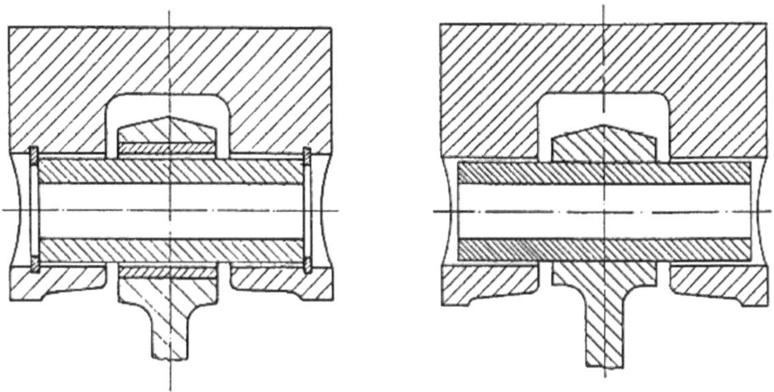

Abb. 3.9 Kolbenbolzenlagerung (Spiel übertrieben dargestellt). Links: Schwimmende Lagerung. Rechts: Klemmpleuel [Köhler und Flierl (2011)]

drehen kann. Sicherungs- oder Drahtsprengringe sichern in axialer Richtung (vergleiche Abb. 3.9). Die Lagerung ist fresssicher und verschleißarm. Die Schmierung erfolgt über die Ölbohrung im Pleuel. Beim Klemmpleuel (vergleiche Abb. 3.9) sitzt der Kolbenbolzen mit Schrumpfsitz in der Pleuelstange und hat eine Spielpassung in der Bolzennabe. Axiale Sicherungselemente können entfallen.

3.4 Pleuelstange

Die Pleuelstange (auch: der Pleuel) verbindet den Kolben mit der Kurbelwelle.

Aufgaben

Die Pleuelstange

- überträgt die Kolbenkräfte auf die Kurbelwelle.
- wandelt die oszillierende Bewegung des Kolbens in eine Rotationsbewegung um.

Gestaltung

Die Pleuelstange besteht aus dem Pleuelkopf mit einer Gleitlagerbuchse für den Kolbenbolzen, I- oder H-förmigem Pleuelschaft und dem gerade- oder schräg geteilten Pleuelfuß mit Pleueldeckel (vergleiche Abb. 3.10). Beide Bohrungen werden auch Pleuelaugen genannt. Das obere Pleuelauge ist das kleine, das untere das große. Ungeteilte Pleuel mit Wälzlagern werden für Einzylindermotoren mit zusammengesetzter Kurbelwelle verwendet.

Die Schmierung der Pleuelbuchse wird entweder durch Tropföl (Senkung im Pleuelauge) oder durch Druckölschmierung über längs durchbohrte Pleuel oder Ölspritzdüsen ausgeführt (Hochleistungsmotoren).

Das Gewicht und die Gestaltung des Pleuels beeinflussen wesentlich das Laufverhalten des Motors. Deswegen wird eine Gewichtsminimierung immer wichtiger (vergleiche Abb. 3.11).

Werkstoffe und Herstellung

Pleuelstangen werden aus legiertem Vergütungsstahl (gesenkgeschmiedet), aus schmiedegesinterten legiertem Stahlpulver oder Temperguss und Kugelgrafitguss hergestellt. Das große Pleuelauge wird durch Cracken getrennt. Die körnige Struktur der Bruchstelle liefert einen unverwechselbaren Passsitz mit gutem Verzahnungseffekt. Deswegen kann man auf sonst notwendige Passhülsen verzichten. Der Pleuellagerdeckel wird mittels Passdehnschrauben, Dehnschrauben und Passhülsen oder durch Kerbverzahnung zwischen Lagerdeckel und Pleuelfuß passgenau verschraubt.

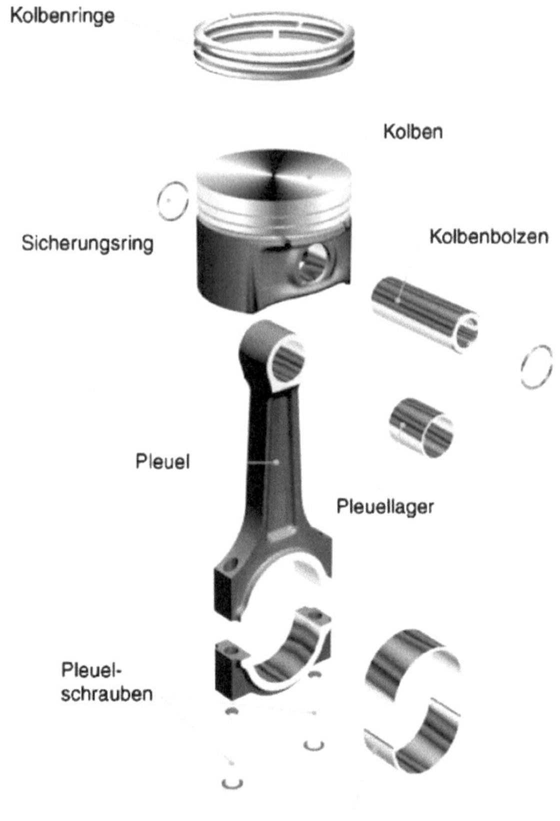

Abb. 3.10 Komponenten des Systems Kolben – Kolbenbolzen – Pleuelstange [Braess und Seiffert (2013)]

Belastung

Die Pleuelstange wird durch den Verbrennungsdruck auf Knickung und Druck, durch die Massenträgheitskräfte des Kolbens im oberen Totpunkt auf Zug und durch die Fliehkräfte bei höheren Drehzahlen auf Biegung beansprucht.

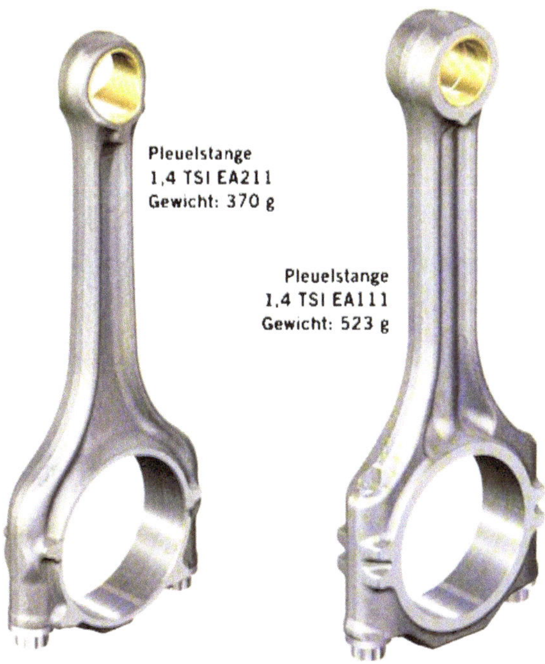

Abb. 3.11 Gewichtsoptimierte Pleuelstange des 1,4-l-TSI-Motors von Volkswagen [Szengel et al. (2012)]

3.5 Kurbelwelle

Die Kurbelwelle ist das zentrale Bauteil im Innern des Kurbelgehäuses.

Aufgaben

Die Kurbelwelle

- wandelt die Kräfte, die vom Kolben und der Pleuelstange exzentrisch auf sie einwirken, in ein Drehmoment um.
- gibt den größten Teil dieses Drehmoments auf der Kupplungsseite (KS) an die Kupplung ab.
- gibt einen Teil des Drehmoments auf der Kupplungsgegenseite (KGS) an die dort angeschlossenen Hilfsaggregate ab. Das sind im Allgemeinen die Kühl-

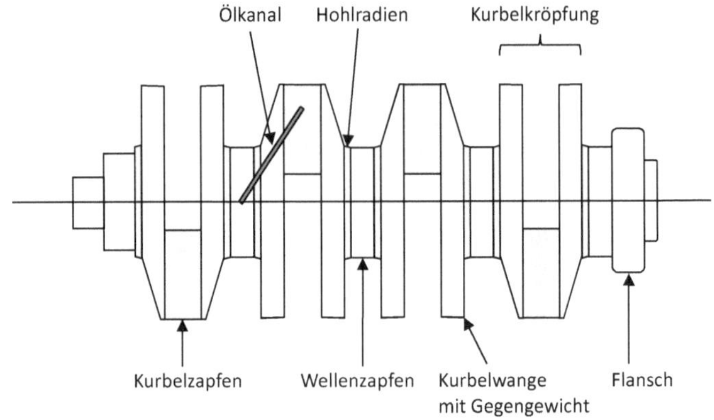

Abb. 3.12 Funktionselemente einer Kurbelwelle

wasserpumpe, die Ölpumpe und der Generator sowie der Ventiltrieb und andere Verbraucher (zum Beispiel Klimakompressor).

Gestaltung

Die Kurbelwelle (vergleiche Abb. 3.12) besteht aus Kröpfungen (Kurbelzapfen zwischen zwei Wangen), an denen die Pleuelstangen angeschlossen sind. Zwischen den Kröpfungen wird die Kurbelwelle mit Gleitlagern im Kurbelgehäuse gelagert. Die Gestalt wird von der Zylinderanordnung (Reihen-, V- oder Boxermotor), der Zylinderanzahl, der Lage und Anzahl der Hauptlager, vom Kolbenhub und der Zündfolge (Einspritzfolge) des Motors bestimmt.

Die Lager der Kurbelwelle liegen bei Otto- und Dieselmotoren meist hinter jeder Kurbelwellenkröpfung. Die Kurbelwangen können so angeordnet sein, dass für jeden Kurbelzapfen ein oder zwei Gegengewichte vorhanden sind. Zur Ölversorgung sind Pleuellagerzapfen und Kurbellagerzapfen durch diagonale Bohrungen miteinander verbunden.

Das statische und das dynamische Auswuchten der Kurbelwelle erfolgt durch Anbohren der Ausgleichsgewichte.

Werkstoffe und Herstellung

Kurbelwellen werden gegossen (vergleiche Abb. 3.13) oder geschmiedet. In den letzten Jahren hat wegen der Steigerung der Drehmomente der Anteil der geschmiedeten Wellen zugenommen. Gegossene Kurbelwellen werden aus Kugelgrafitguss (schwingungsdämpfend) hergestellt. Im Gesenk geschmiedete oder (bei

Abb. 3.13 Gegossene
Kurbelwelle eines Vierzy-
lindermotors [Basshuysen
und Schäfer (2015)]

Großmotoren) freiformgeschmiedete (günstiger Faserverlauf) Kurbelwellen werden aus Vergütungsstahl oder Nitrierstahl hergestellt.

Belastung

Kurbelwellen werden auf Torsion, Biegung (Massenträgheits- und Pleuelstangen-
kräfte) und durch Wechselbeanspruchung der mechanischen Drehschwingungen
beansprucht. Diese setzen sich aus den umlaufenden Massenkräften von Kurbel-
wange und Kurbelzapfen, den oszillierenden Massenkräften des Kolbens und der
Pleuelstange und aus dem Pleuelstangenanteil an den rotierenden und oszillierenden Massenkräften zusammen. Die Größe der verbleibenden Massenkräfte und
-momente ist von der Anordnung der Kurbelwellenkröpfungen und der Zündab-
stände abhängig. Ein vollkommener Massenausgleich ergibt sich bei 6-Zylinder-
Reihen-, 6-Zylinder-Boxer- und V12-Viertaktmotoren (Abb. 3.14).

Kurbelwellen von 4-Zylinder-Reihenmotoren sind durch die um 180 °KW ver-
setzten Kröpfungen, durch die gegenläufige Bewegung der Kolbenpaare 2 und
3 sowie 1 und 4 und durch die Ausgleichsgewichte mit statischer und dynami-
scher Auswuchtung für Kräfte und Momente 1. Ordnung ausgeglichen (vergleiche
Abb. 3.13).

Massenkräfte 2. Ordnung (vergleiche Abschn. 1.3.4) werden durch die oszillierenden Massen des Kurbeltriebwerks und durch die ungleichförmigen Gaskräfte
des Viertaktverfahrens hervorgerufen. Die Massenkräfte 2. Ordnung laufen mit
der doppelten Kurbelwellendrehzahl um und können nicht durch Auswuchten
oder Ausgleichsgewichte an der Kurbelwelle beseitigt werden. Zum Ausgleich
von Massenkräften dienen die zunehmend verwendeten Ausgleichssysteme mit

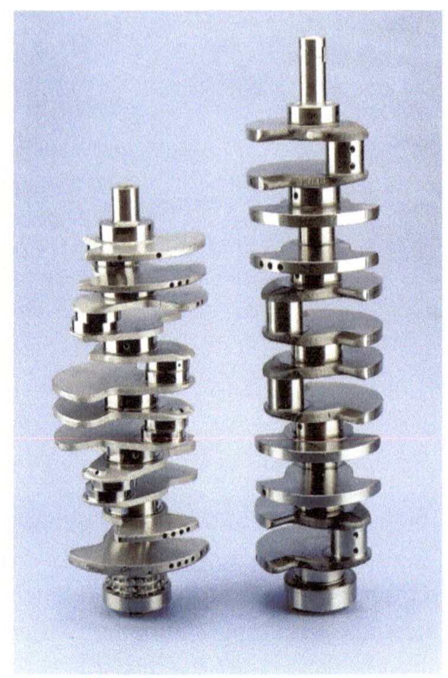

Abb. 3.14 Kurbelwellen von 12-Zylinder-Motoren. Links: W12-Motor. Rechts: V12-Motor. Man kann in den Wangen die Bohrungslöcher erkennen, mit denen die Kurbelwelle ausgewuchtet wurde. Weiterhin kann man die Bohrungen vom Hauptlager zu den Pleuellagern erkennen. Über diese Bohrungen wird Schmieröl zu den Pleuellagern geführt [Endres et al. (2002)]

Massenausgleichswellen, die mit entgegengesetzter Drehrichtung und doppelter Kurbelwellendrehzahl umlaufen (vergleiche Abb. 1.12).

Drehschwingungsdämpfer

Durch die Ungleichförmigkeit des Verbrennungsablaufs wird die Kurbelwelle in Drehschwingungen versetzt, die sich bei den kritischen Drehzahlen aufschaukeln und zum Bruch der Kurbelwelle führen können. Auf der dem Schwungrad gegenüberliegenden Seite sind Drehschwingungsdämpfer angeordnet, die als Viskose-, Feder- oder Gummidämpfer in die Riemenscheibe oder das Steuerzahnrad integriert sind. Durch die Trägheit ihrer Dämpfungsmassen werden die Drehschwingungen der Kurbelwelle gedämpft, indem die Dämpfungselemente elastisch verformt werden.

Zweimassenschwungräder entkoppeln Drehschwingungen von Kurbelwelle und Schwungrad zum Getriebe und vermeiden Resonanzschwingungen an Getriebe und Aufbau (Dröhngeräusche). Das Schwungrad ist hierzu in eine Primärmasse (Motorseite) und Sekundärmasse (Getriebeseite) aufgeteilt, die über ein Feder-Dämpfer-System drehbar miteinander verbunden sind. Weil die Resonanzfrequenzen dieses Systems nicht im Betriebsbereich des Motors liegen, werden vom Motor erzeugte Drehschwingungen nicht auf das Getriebe übertragen.

3.6 Zylinderrohr

Das Zylinderrohr wird auch Zylinderbuchse oder Laufbuchse genannt. Es bildet gemeinsam mit dem Zylinderkopf (oben) und dem Kolben (unten) den Verbrennungsraum (vergleiche Abb. 3.15).

Aufgaben
Das Zylinderrohr

- führt den Kolben.
- ist Gleitbahn für die Kolbenringe.
- leitet die Verbrennungswärme ab.
- nimmt den Verbrennungsdruck auf.
- bildet den seitlichen Abschluss des Brennraums.

Gestaltung
Das Zylinderohr ist häufig in das Kurbelgehäuse integriert (vergleiche Abb. 3.16). Es kann aber auch als separates Bauteil in das Gehäuse eingebaut werden:

Nasse Zylinderrohre (Wanddicke 5 bis 8 mm) werden direkt vom Kühlwasser umspült und sind bei Laufflächenverschleiß ohne Motorausbau leicht zu wechseln (Bohrung fertig bearbeitet). Die Abdichtung zum Wasserraum erfolgt über Gummidichtringe, zum Zylinderkopf über die Zylinderkopfdichtung. Nasse Zylinderrohre können aber auch bei der Herstellung des Kurbelgehäuses mit eingegossen werden (vergleiche Abb. 3.17).

Trockene Laufbuchsen (Wanddicke 1,5 bis 2 mm) werden in die Zylinderbohrung eingepresst und sind nicht vom Kühlwasser umspült.

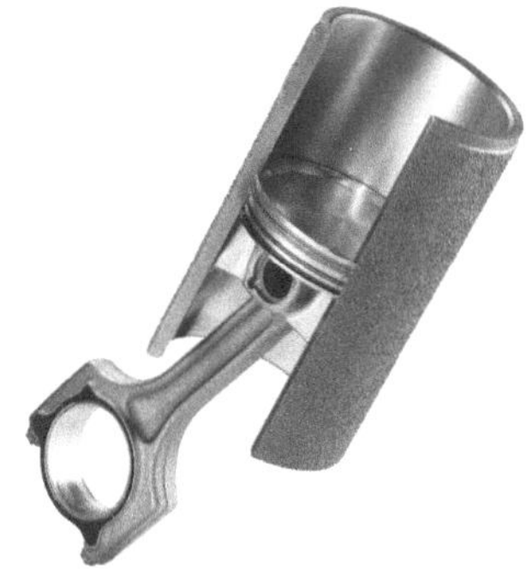

Abb. 3.15 Power-Cell-Unit: Bei der Power-Cell-Unit liefert der Hersteller die komplette Kombination von Kolben, Ringen, Kolbenbolzen, Pleuelstange und Laufbuchse [Mahle GmbH]

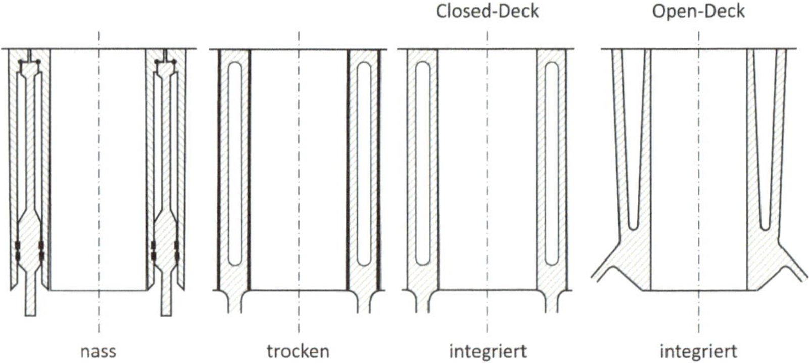

Abb. 3.16 Grundformen wassergekühlter Zylinderrohre [nach Pischinger (2015a)]

Werkstoffe und Herstellung

Zylinderrohre werden wegen seiner guten Laufeigenschaften vor allem aus Gusseisen mit Lamellengrafit (Schleuder- oder Sandguss) hergestellt. Die Lauffläche wird gehont. Dadurch werden Motoreinlaufzeit und Verschleiß verringert. Das Honbild beeinflusst den Ölhaushalt der Zylinderlauffläche. Insbesondere muss die Oberflä-

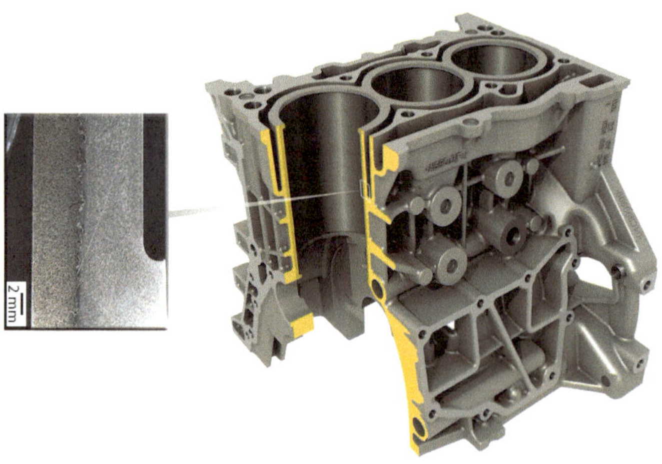

Abb. 3.17 Zylinderkurbelgehäuse mit eingegossenen Graugussbuchsen beim 3-Zylinder-Motor vom VW up! [Becker (2011)]

che eine Restmenge an Öl halten, sodass beim Motorstart nach einem längeren Motorstillstand noch genügend Schmierwirkung vorhanden ist.

Bei Aluminium-Zylinderblöcken mit integrierten Laufbuchsen kann die Oberfläche auch durch elektrochemisches Ätzen bearbeitet werden. Ebenso ist eine galvanische Beschichtung möglich. Durch Lichtbogendrahtspritzen oder durch Plasmaspritzen können verschleißfeste Legierungen aufgetragen werden.

Belastung

Das Zylinderohr ist im Betrieb Gas-, Massen- und Einspannkräften ausgesetzt. Hinzu kommen thermische Belastungen durch die Temperaturunterschiede zwischen Verbrennung und Wasserkühlung. Die Kolben und die Kolbenringe belasten die Zylinderrohre mechanisch durch die Reibung.

3.7 Kurbelgehäuse

Motorgehäuse bestehen aus dem Kurbelgehäuse inklusive dem Zylinderblock (Zylinderkurbelgehäuse) oder den Einzelzylindern, dem Zylinderkopf (Abschn. 3.8), der Zylinderkopfhaube, der Zylinderkopfdichtung (Abschn. 3.9) und der Ölwanne. Das Gehäuse dient auch als Anbauteil für die Motoraufhängung und die Nebenaggregate (Starter, Generator usw.). Das Kurbelgehäuseoberteil mit der Kurbelwellenlagerung wird bei wassergekühlten Motoren mit dem Zylinderblock meist in einem Stück gegossen (Zylinderkurbelgehäuse).

Aufgaben
Das Zylinderkurbelgehäuse

- nimmt die Kurbelwelle auf und lagert sie.
- stellt im Zylinderblock das Gehäuse für die Zylinder dar.
- schließt nach unten mit der Ölwanne und in Längsrichtung mit Radialwellendichtringen für den Kurbelwellendurchtritt ab.
- enthält die Ölschmierung und die Kühlwasserversorgung der Zylinder.
- enthält ein System zur Kurbelgehäuseentlüftung.
- nimmt die Gas- und Massenkräfte in den Kurbelwellenlagerungen und in den Verschraubungen der Zylinderkopfschrauben auf.
- enthält Anschlüsse zur Befestigung von Nebenaggregaten (beispielsweise Ölpumpe oder Kühlwasserpumpe) und zur Motorlagerung

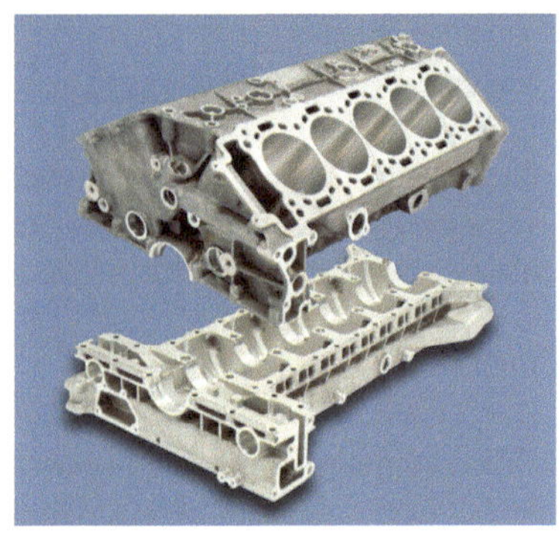

Abb. 3.18 Bed-Plate-Kurbelgehäuse vom Porsche Carrera GT [Mahle GmbH]

Abb. 3.19 Zylinderkurbelgehäuse von V8-Motoren in Open-Deck-Bauweise (*links*) und in Closed-Deck-Bauweise (*rechts*) [Köhler und Flierl (2011)]

Gestaltung

Das Kurbelgehäuse ist häufig in Höhe der Kurbelwellenlager geteilt. Die Kurbelwelle wird dann von unten in das Kurbelgehäuse eingebaut. Die Kurbelwellen-Gleitlager werden mit entsprechenden Lagerdeckeln befestigt. Bei hochbelasteten Motoren werden die einzelnen Lagerdeckel öfter durch ein gemeinsames Bed-Plate ersetzt (vergleiche Abb. 3.18). Dieses Bed-Plate enthält alle Lagerschalen und erhöht die Steifigkeit des Gesamt-Kurbelgehäuses. Nach unten hin wird das Kurbelgehäuse durch die Ölwanne abgeschlossen. Diese nimmt beim Viertaktmotor die Ölfüllung auf. Sie wird aus Stahlblech oder Aluminium-Guss hergestellt.

Zylinderkurbelgehäuse mit flüssigkeitsgekühlten Zylindern werden meist in Closed-Deck-Ausführung (vergleiche Abb. 3.19) hergestellt. Die Abdichtfläche der Zylinder zum Zylinderkopf ist um die Zylinderbohrung herum geschlossen. Bei der Open-Deck-Ausführung ist der Kühlflüssigkeitsmantel an der Zylinderkopfdichtfläche um die Zylinderbohrungen herum offen. Sie erfordert Metall-Zylinderkopfdichtungen.

Abb. 3.20 Kurbelgehäuse von BMW in Magnesium-Aluminium-Verbundbauweise [Braess und Seiffert (2013)]

Werkstoffe und Herstellung

Kurbelgehäuse werden im Allgemeinen in einem Stück gegossen. Als Werkstoffe verwendet man Gusseisen mit Lamellengrafit (Grauguss), Gusseisen mit Vermikulargrafit (GGV) und Aluminium-Legierungen. (BMW arbeitet als erster Hersteller mit einem Magnesium-Aluminium-Verbundkurbelgehäuse (vergleiche Abb. 3.20).) Grauguss verfügt über eine hohe Steifigkeit und Festigkeit, eine geringe Wärmeausdehnung, eine gute Geräuschdämpfung und ein gutes Lauf- und Verschleißverhalten. Gusseisen mit Vermikulargrafit verfügt über eine höhere Festigkeit und Steifigkeit, wodurch höhere Verbrennungshöchstdrücke oder dünnere Wandstärken möglich sind. Aluminium-Legierungen haben eine geringe Dichte und eine gute Wärmeleitfähigkeit. Allerdings ist der Werkstoff für die Zylinderlaufbahnen weniger geeignet, weswegen diese beispielsweise beschichtet werden (zum Beispiel Nikasilbeschichtung).

Belastung

Wegen der großen Zug- und Druckkräfte sowie der Biege- und Torsionsspannung muss das Kurbelgehäuse eine hohe Festigkeit und Formsteifigkeit aufweisen.

Kurbelgehäuseentlüftung

Die Kurbelgehäuseentlüftung (Abb. 3.21) verhindert ein Entweichen von am Kolben vorbeistreichenden unverbrannten Kohlenwasserstoffen, Leckageströmungen an den Kolbenringen (Blow-by-Gase) und von Öldämpfen (Kurbelwangenmitriss) in die Atmosphäre. Das Öldampf-Gasgemisch wird aus dem Kurbelgehäuse angesaugt, der Ölanteil in einem Ölabscheider (Prallblech oder Zyklon oder Zentrifuge) getrennt und die Gase dem Ansaugsystem zugeführt.

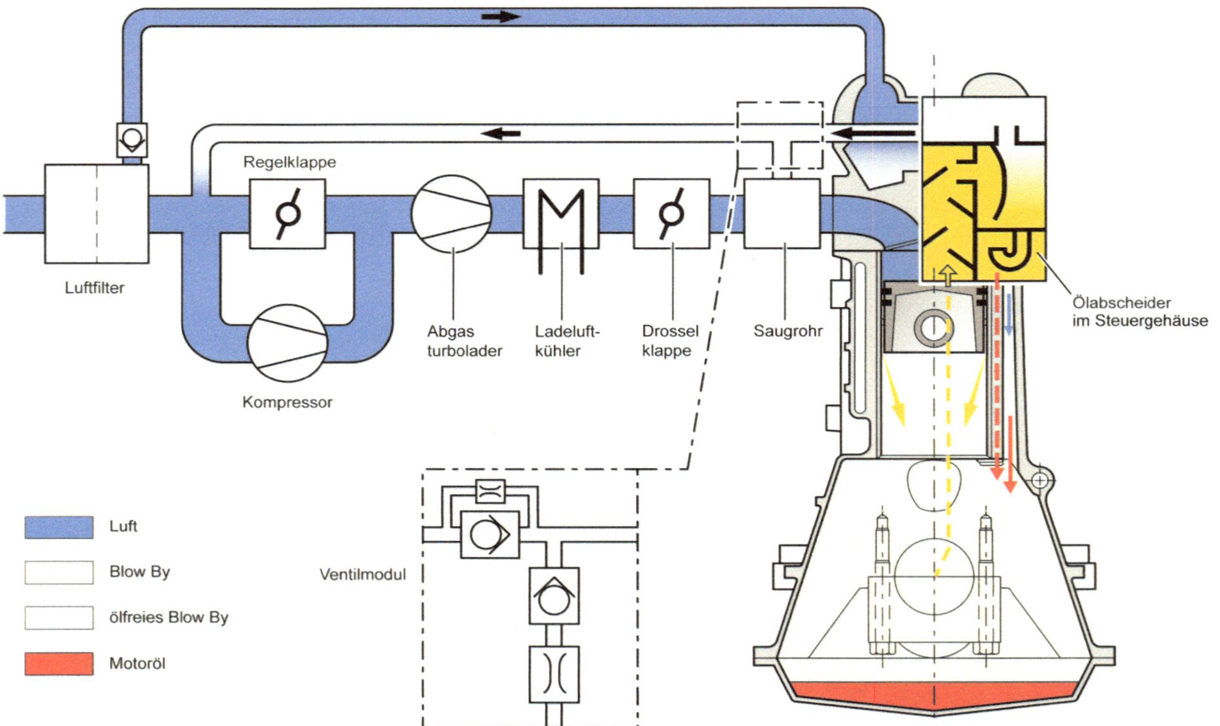

Abb. 3.21 Kurbelgehäuseentlüftung beim TSI-Motor von VW: Das vom Öl befreite Kurbelgehäusegas wird je nach den Druckverhältnissen entweder vor dem Kompressor oder nach der Drosselklappe der Frischluft beigemischt [Krebs et al. (2005)]

3.8 Zylinderkopf

Der Zylinderkopf schließt den Verbrennungsraum nach oben hin ab. Er ist mit dem Kurbelgehäuse mit langen Zylinderkopfschrauben verschraubt. Zwischen Kurbelgehäuse und Zylinderkopf befindet sich eine Zylinderkopfdichtung.

Aufgaben
Der Zylinderkopf

- dichtet den Brennraum nach oben hin ab.
- enthält Kanäle für die Frischladung und das Abgas. Diese werden durch Tellerventile geöffnet und geschlossen.
- trägt durch die Geometrie der Gaswechselkanäle und der Wand auf der Brennraumseite wesentlich zur Verbrennungsbeeinflussung und Gemischbildung bei.
- ist thermisch hoch belastet und wird deswegen mit Kühlwasser gekühlt.
- enthält Bohrungen für die Zündkerze (Ottomotor) und die Einspritzdüse (direkteinspritzende Diesel- und Ottomotoren).

Belastungen
Der Zylinderkopf wird durch die Verbrennungstemperatur und den Verbrennungsdruck thermisch und mechanisch hoch belastet. Innerhalb des Zylinderkopfes gibt es durch die unterschiedlichen Wärmeströme sehr große Temperaturgradienten. Deswegen muss durch eine sehr gute Wärmeleitfähigkeit darauf geachtet werden, dass nicht allzu große thermische Spannungen entstehen. Eine Deformation der Dichtflächen durch die hohen mechanischen Belastungen im Zylinderkopf muss vermieden werden.

Gestaltung
Bei kleineren Motoren wird häufig ein Zylinderkopf für mehrere in Reihe stehende Zylinder (Abb. 3.22) verwendet. Bei größeren Industriemotoren besitzt hingegen eher jeder Zylinder einen eigenen Zylinderkopf. Die meisten modernen Motoren besitzen eine Wasserkühlung des Zylinderkopfes. Bei einfachen Motoren findet man noch luftgekühlte Zylinderköpfe.

Werkstoffe und Herstellung
Der Zylinderkopf muss eine große Formsteifigkeit und eine gute Wärmeleitung sowie eine geringe Wärmedehnung aufweisen. Wegen seiner komplexen Geometrie und der vielen Hohlräume wird er durch Gießen hergestellt. Meistens wird bei Pkw-Motoren eine Aluminium-Legierungen verwendet. Bei Lkw-Motoren kommt häufig Grauguss zum Einsatz.

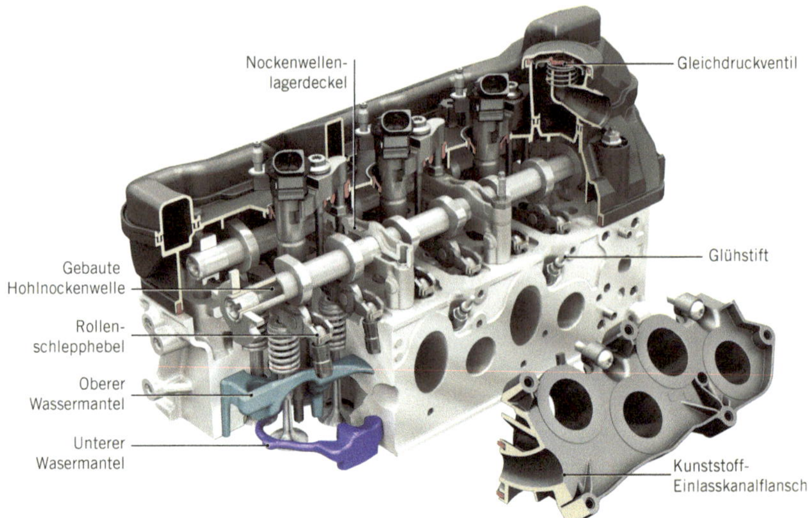

Abb. 3.22 Zylinderkopf mit zweiteiligem Wassermantel und Ventiltrieb beim V6-TDI-Motor von Audi [Knirsch et al. (2014)]

3.9   Zylinderkopfdichtung

Die Zylinderkopfdichtung befindet sich zwischen Zylinderkopf und Kurbelgehäuse.

Aufgaben
Die Zylinderkopfdichtung

- verhindert den Austritt von Verbrennungsgasen aus dem Brennraum.
- verhindert den Verlust von Kühlmittel und Schmieröl beim Übertritt vom Kurbelgehäuse in den Zylinderkopf.
- muss bei allen Betriebsbedingungen zuverlässig abdichten. Sie muss die Rauigkeiten und Welligkeiten der Dichtflächen von Zylinderkopf und Kurbelgehäuse ausgleichen. Sie muss die durch thermische und mechanische Belastungen hervorgerufenen Relativbewegungen ausgleichen.

Belastungen
Die Zylinderkopfdichtung wird sehr stark chemisch, thermisch und mechanisch belastet.

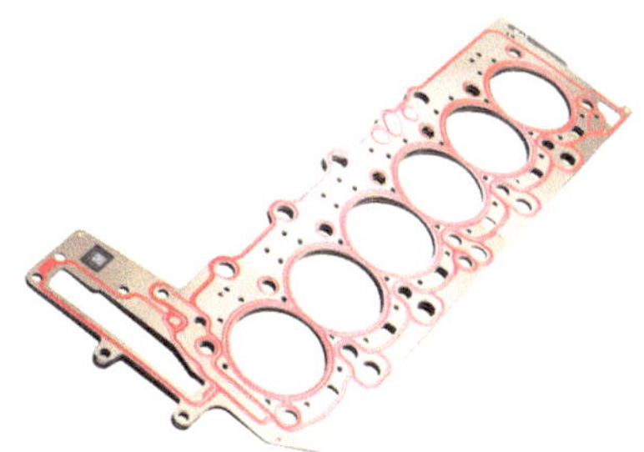

Abb. 3.23 Zylinderkopf-dichtung eines 6-Zylinder-Reihenmotors [ElringKlinger AG, Dettingen/Erms]

Gestaltung

Bei Metall-Weichstoff-Zylinderkopfdichtungen ist auf einem Metallgitter als Trägerblech beidseitig eine Weichstoffauflage aus wärmebeständigem Kunststoff aufgebracht. Metalleinfassungen verstärken die Durchgangsöffnungen für Brennraum, Wasser- und Ölkanäle und Verschraubungen. In hochbelasteten Otto- und Dieselmotoren werden Metall-Mehrschicht-Zylinderkopfdichtungen (Abb. 3.23) verwendet. Sie bestehen aus mehreren Lagen Stahlblech, haben ein geringeres Setzverhalten und bessere Dauerhaltbarkeit als Metall-Weichstoffdichtungen. Sie ermöglichen eine geringere Vorspannung der Zylinderkopfverschraubung (geringerer Verzug). Die Abdichtfunktion erfolgt im Wesentlichen durch Sicken in den

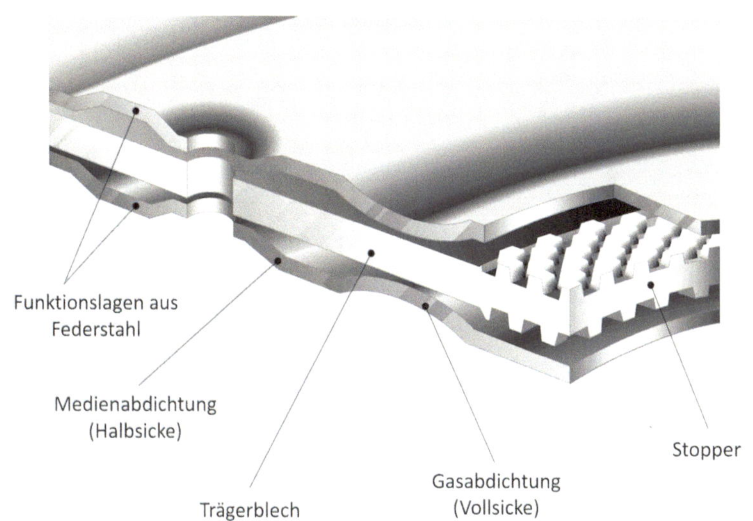

Abb. 3.24 Details einer modernen Zylinderkopfdichtung [ElringKlinger AG]

Federstahllagen. Am Umfang des Brennraums werden die Motorbauteile durch sogenannte Stopper elastisch vorgespannt (Abb. 3.24). Die Stopper wurden bislang häufig durch Umfalzen hergestellt. In letzter Zeit werden die Stopper zunehmend durch Prägung hergestellt.

3.10 Ventiltrieb

Zur Steuerung des Ladungswechsels werden bei modernen Motoren fast ausschließlich Tellerhubventile (vergleiche Abb. 3.25 und Abb. 3.26) verwendet. Diese werden durch eine oder häufig zwei rotierende Nockenwellen, die im Zylinderkopf gelagert sind, betätigt. Zwischen der Nockenwelle und dem Tellerventil kann sich zur Übertragung der Bewegung ein Hebelmechanismus befinden. Alle Bauteile zusammen werden als Ventiltrieb oder als Motorsteuerung bezeichnet.

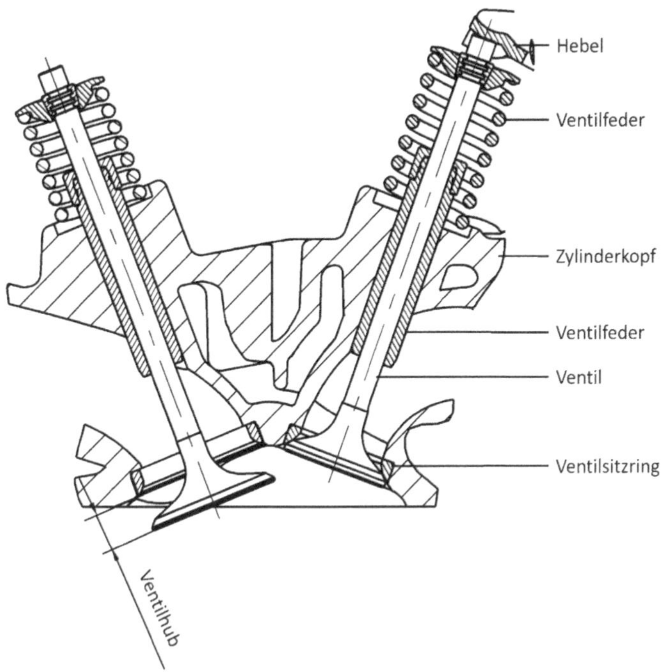

Abb. 3.25 Anordnung der Komponenten im Zylinderkopf [Mahle GmbH (2013)]

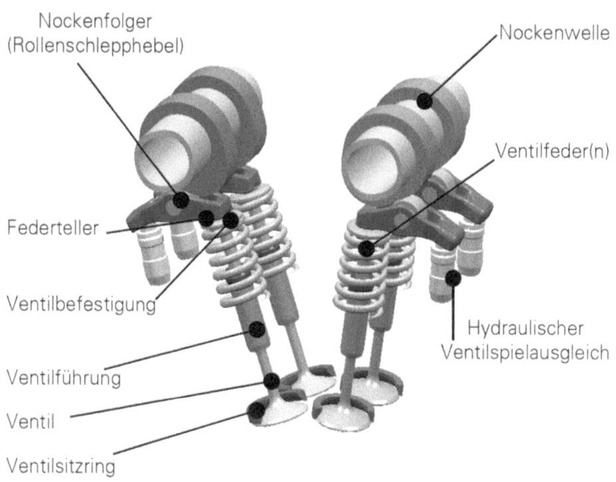

Abb. 3.26 Bezeichnungen im Ventiltrieb eines Pkw [Mahle GmbH]

Aufgaben

Der Ventiltrieb

- soll die Ein- und Auslassöffnungen zum richtigen Zeitpunkt öffnen und schließen.
- soll möglichst schnell große Strömungsquerschnitte für die Frischladung und die Abgase freigeben.

Ventile

Die Ventile werden in kürzester Zeit geöffnet und wieder geschlossen. Dabei werden sie stark beschleunigt und wieder abgebremst (beispielsweise 2500-fache Erdbeschleunigung bei einer Drehzahl von 6000/min). Das führt zu enormen Massenkräften, die quadratisch mit der Drehzahl zunehmen. Zudem sind insbesondere die Auslassventile thermisch hoch belastet.

Bei der Auslegung des Ventiltriebs muss deswegen auf eine ausreichende Festigkeit der Bauteile geachtet werden. Insbesondere darf es nicht zum Abheben der Ventile beispielsweise von der Nockenwelle kommen. Deswegen werden die Ventile mit starken Federkräften gegen die Nockenwelle gepresst und am Ende des Vorgangs wieder geschlossen. Die Ventilfedern müssen die Ventile bei Unterdruck während des Ansaugvorgangs dicht schließen, die Reibungskräfte beim Schließen überwinden und während der Ventilöffnungszeit die Trägheitskräfte der beschleunigten Ventil- und Steuerungsteilmassen abfangen.

Die Ventilteller sollten so groß wie möglich gestaltet werden, um die Gasdurchtrittsgeschwindigkeit niedrig zu halten und die Füllung zu verbessern. Dabei dürfen aber Mindeststegbreiten zwischen den Ventilen im Zylinderkopf nicht unterschritten werden.

Einlassventile (Betriebstemperatur ca. 500 °C) werden meist als Einmetallventil aus hochlegiertem Stahl mit gehärteten Sitzflächen und Schaftenden hergestellt. Der Tellerdurchmesser ist oft größer als bei Auslassventilen (bessere Zylinderfüllung). Auslassventile werden thermisch hoch belastet (Betriebstemperatur ca. 800 °C) und sind als Bimetallventile (Kopfstück aus warmfestem hochlegiertem Stahl mit Schaft aus einem weniger hoch legierten Stahl) durch Reibschweißen stumpf verschweißt.

Die Auslassventile werden gekühlt, indem sie Wärme über den Ventilschaft an die Ventilführung und damit an den Zylinderkopf abgeben. Austauschbare Ventilführungen aus Kupfer-Zink-Legierungen werden in Aluminium-Zylinderköpfen eingepresst und ermöglichen eine gute Wärmeableitung. Eine Ventilschaftabdichtung verhindert zu großen Öltransport in den Verbrennungsraum.

Um die Wärmeübertragung vom Ventilteller zum Ventilschaft zu intensivieren, werden Auslassventile immer häufiger hohl angefertigt (vergleiche Abb. 3.27). Der Innenraum ist teilweise mit Natrium gefüllt, das bei 97 °C schmilzt und durch die Schüttelwirkung Wärme vom Ventilteller zum Ventilschaft transportiert. Dadurch sinkt die Ventiltemperatur um etwa 100 K.

Auslassventil-Sitzflächen werden oft mit Hartmetall gepanzert oder gehärtet. Zudem werden Ventilsitzringe aus Gusseisen oder Sintermetall in Aluminium-Zylinderköpfe eingeschrumpft.

Im Betrieb dehnen sich die Ventile aus. Damit sicheres Schließen gewährleistet wird, muss die Längenänderung durch ein Ventilspiel oder durch hydraulischen Spielausgleich kompensiert werden. Ist das Ventilspiel zu klein, so schließt das Ventil nicht bei Betriebstemperatur (Leistungsverlust, Verbrennen des Ventiltellers, Flammenrückschlag in den Ansaugkanal). Ist das Ventilspiel zu groß, so wird infolge kürzerer Öffnung die Füllung verschlechtert (Leistungsverlust, geräuschvoller Lauf). Das Ventilspiel wird durch Einstellschrauben (Schwing- und Kipphebelbetätigung) oder Ausgleichsscheiben zwischen Tassenstößel und Nockenwelle eingestellt. Bei modernen Motoren erfolgt der Ventilspielausgleich durch hydraulische Elemente. Diese sind an den Motorölkreislauf angeschlossen und gleichen über ein Öldrucksystem mit Spielausgleichsfeder das Spiel aus.

Die Ventile sollen sich im Betrieb leicht drehen. Dadurch sinkt die thermische Belastung. Ablagerungen durch Verbrennungsrückstände (Öl, Kraftstoff) wer-

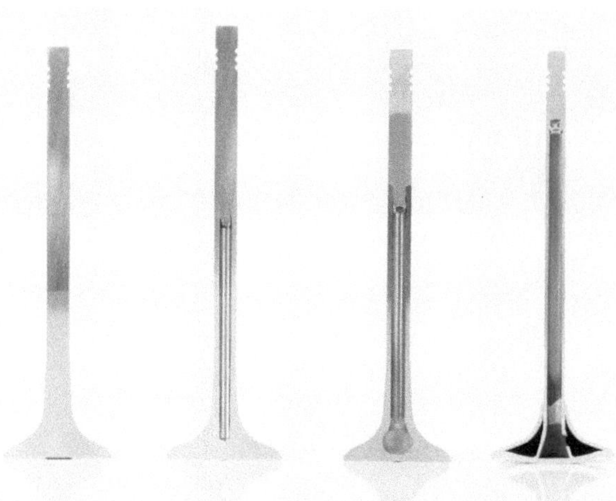

Abb. 3.27 Evolution vom klassischen Vollventil (links) über das gekühlte Hohlventil zu den beiden natriumgekühlten Ventilen EvoTherm-Ventil und TopTherm-Ventil [Mahle GmbH]

den vermindert. Die Drehbewegung kann durch einen leichten seitlichen Versatz zwischen Nocken- und Stößelmitte erreicht werden. Zuweilen werden auch Ventildrehvorrichtungen verwendet, die die Ventile aktiv bei jeder Betätigung etwas drehen.

Nockenwellen
Moderne Motoren besitzen eine oder häufig zwei (jeweils für die Einlass- bzw. die Auslassventile) Nockenwellen, die im Zylinderkopf gelagert werden (vergleiche Abb. 3.28 und Abb. 3.29).

Die Übertragung des Nockenhubes auf den Ventilhub erfolgt über Schwinghebel (auch Schlepphebel genannt), Kipphebel oder direkt über einen Stößelantrieb (vergleiche Abb. 3.30). Zunehmend eingesetzte Rollenschwinghebel oder Rollenkipphebel reduzieren deutlich die Reibleistung im Ventiltrieb. Kipp- und Schwinghebel werden aus Stahlblech oder Leichtmetall gepresst oder geschmiedet. Tassenstößel aus Stahl werden durch Kalt- oder Warmfließpressen hergestellt. Die Ventiltriebsteile haben häufig eine sehr komplizierte Form. Deswegen werden sie zunehmend durch Sinterung hergestellt.

Die Nockenwelle selbst bestimmt Öffnen und Schließen der Ventile zum richtigen Zeitpunkt, die Dauer der Öffnung und den Öffnungshub. Sie läuft bei Viertakt-Otto- und -Dieselmotoren mit der halben Kurbelwellendrehzahl um und besitzt

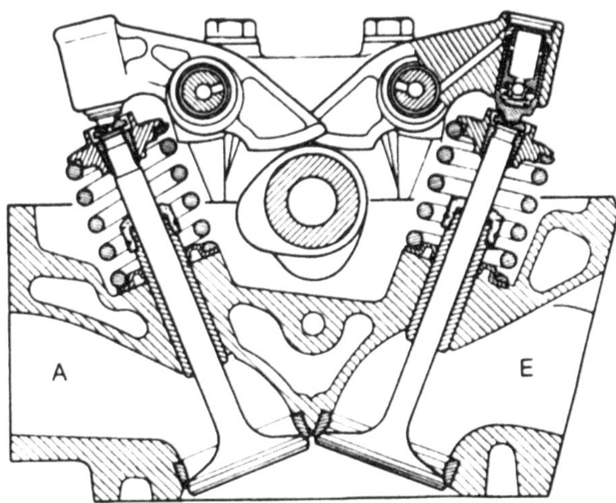

Abb. 3.28 Bei älteren Motoren wurde nur eine zentral liegende Nockenwelle verwendet, die die Einlass- und Auslassventile über Kipphebel antreibt. Das Ventilspiel wird durch hydraulische Elemente ausgeglichen [Pischinger (2015a)]

Abb. 3.29 Zwei obenliegende Nockenwellen beim Eco-Boost-Dreizylindermotor von Ford [Friedfeldt et al. (2012)]

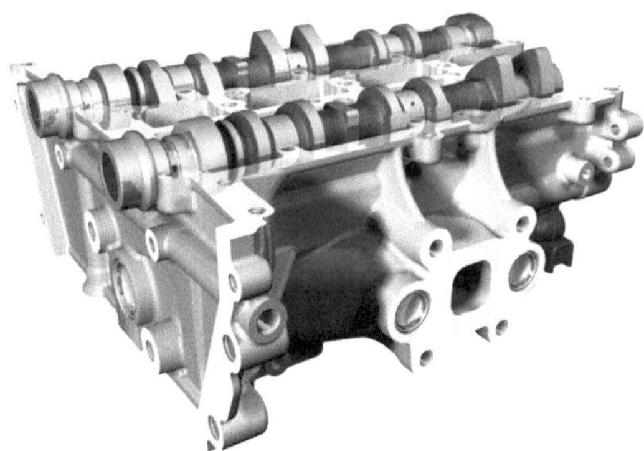

entsprechend der Zündfolge angeordnete Ein- und Auslassnocken. Nockenwellen werden aus legiertem Stahl geschmiedet oder aus Schalenhartguss, Temperguss und Kugelgrafitguss hergestellt. Die Lagerstellen und Nocken sind oberflächengehärtet. Teilweise werden die Nocken auch separat aus einsatz- oder induktiv gehärteten Stählen hergestellt. Anschließend werden sie mit einer Welle kraft- oder reibschlüssig verbunden (sogenannte „gebaute" Nockenwellen, vergleiche Abb. 3.31).

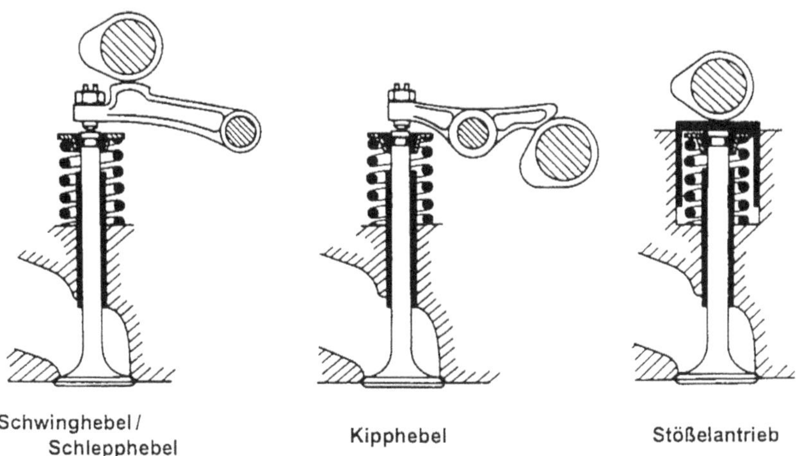

Abb. 3.30 Bei obenliegenden Nockenwellen werden die Ventile durch Schwinghebel (Schlepphebel) oder Kipphebel oder Stößel angetrieben [Pischinger (2015a)]

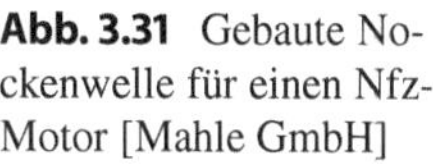

Abb. 3.31 Gebaute No-ckenwelle für einen Nfz-Motor [Mahle GmbH]

Der Antrieb der Nockenwelle erfolgt auf der Stirnseite des Verbrennungsmotors (Kupplungsgegenseite) durch die Kurbelwelle. Dabei muss beim 4-Takt-Motor die Nockenwellendrehzahl halb so groß wie die Kurbelwellendrehzahl sein. Im Allgemeinen werden heute Zahnriemen- oder Kettenantriebe verwendet. Ganz selten findet man den platzsparenden, aber teuren Antrieb über einen Zahnradsatz. Der Vorteile der Kette (Abb. 3.32) ist, dass mit ihr große Momente übertragen werden können. Der Zahnriemen hingegen läuft leiser und ist preiswerter. Allerdings muss der Zahnriemen bei Pkw häufig nach 100.000 Kilometern gewechselt werden, was eine recht aufwendige Servicemaßnahme ist.

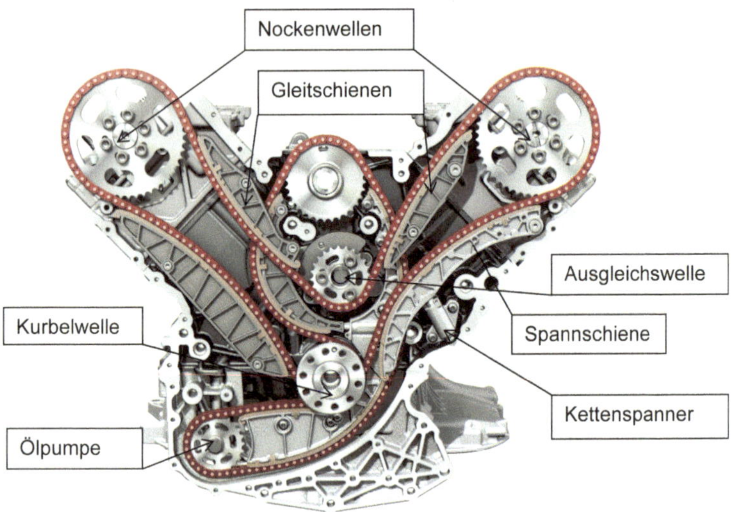

Abb. 3.32 Steuerkettentrieb eines V6-Motors von Audi [Basshuysen und Schäfer (2015)]

3.11 Lagerungen

Im Verbrennungsmotor werden an verschiedenen Stellen Lagerungen benötigt. Das sind beispielsweise die Kurbelwellen- und Nockenwellenlager sowie die Lagerungen der Pleuelstange auf der Kurbelwelle beziehungsweise auf dem Kolbenbolzen. Hinzu kommen viele andere Stellen. Nach Möglichkeit verwendet man Wälzlager, weil sie reibungsärmer sind. Aber noch immer werden für die Kurbelwellen- und die Pleuellager geteilte Gleitlager verwendet. Diese sind leichter zu montieren, preiswerter und unempfindlicher gegenüber Verschmutzungen und Stoßbelastungen.

Anforderungen
Die Anforderungen an die Gleitlager sind sehr hoch. Sie sollen

- eine hohe Tragfähigkeit aufweisen.
- gute Notlauffähigkeiten aufweisen.
- nur geringe Reibung verursachen.
- verschleißfest sein.
- eine gute Wärmeleitfähigkeit aufweisen.
- leise laufen.

Gleitlager werden durch Motoröl geschmiert. Dazu pumpt die Ölpumpe Öl in die Lager. Zu Beginn der Drehbewegung sind der Zapfen und die Lagerschale noch nicht vollständig getrennt, was zu Mischreibung führt. Mit steigender Drehzahl bildet sich durch hydrodynamische Effekte ein Schmierfilm, der die Welle anhebt.

In der Fachpresse finden sich immer wieder Ideen, wie man die Kurbelwellengleitlager durch reibungsärmere Rollenlager ersetzen könnte. Bislang gingen diese Ideen aber noch nicht in die Serie ein.

Gestaltung und Werkstoffe

Gleitlager werden meist als Mehrschichtlager ausgeführt. Zweischichtlager bestehen aus einer Stützschale und einer Gleitschicht. Bei Dreischichtlagern liegt dazwischen noch eine Tragschicht. Wegen der extrem hohen spezifischen Belastungen der Kurbelwellen- und Pleuellager in neueren Dieseldirekteinspritzer-Konstruktionen (Verbrennungshöchstdrücke von neuerdings mehr als 200 bar) werden herkömmliche Mehrschichtlager durch Sputterlager (Abb. 3.33) ersetzt. Diese besitzen durch spezielle Beschichtungsverfahren eine höhere Tragfähigkeit und eine

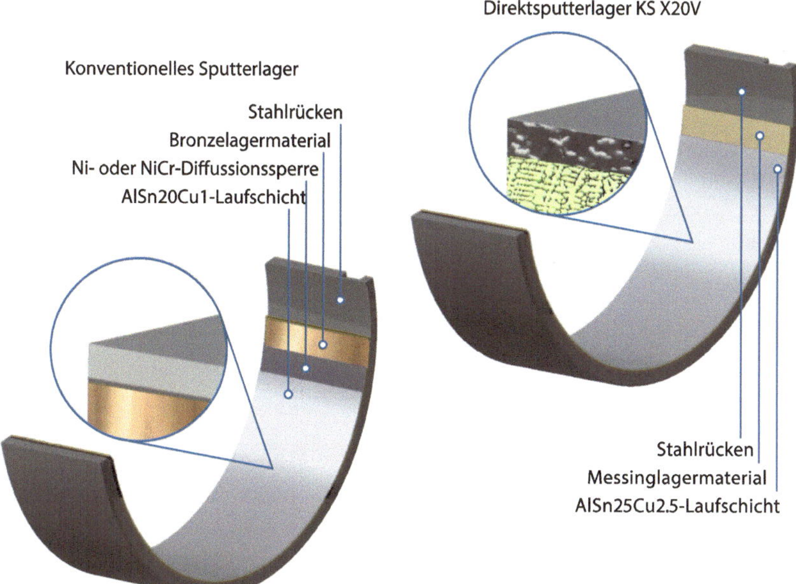

Abb. 3.33 Schematischer Aufbau eines konventionellen Sputterlagers (links) und eines neuartigen Lagers mit Direktsputterbeschichtung (rechts) [Damm et al. (2015)]

größere Lebensdauer. Als Lagerwerkstoffe werden Nichteisen-Metall-Legierungen (zum Beispiel mit Blei, Zinn, Zink und Kupfer), Sintermetalle oder Kunststoffe verwendet.

3.12 Kühlsystem

Aufgaben

Das Motorkühlsystem hat die Aufgabe,

- überschüssige Wärme vom Motor abzuführen, um die Schmierfähigkeit des Öls zu erhalten, die Warmfestigkeit der Motorbauteile nicht zu überschreiten und um den Verbrennungsprozess kontrolliert ablaufen zu lassen.
- den Motor nach dem Kaltstart möglichst schnell auf die optimale Betriebstemperatur zu erwärmen.

Kühlkreislauf

Etwa ein Drittel der durch die Verbrennung freigesetzten Kraftstoffenergie muss in Form von Wärme abgeführt werden. Ein Teil dieser Energie wird unmittelbar bei der Verbrennung als Wärme freigesetzt. Der Rest stammt aus der mechanischen Energie: Durch Reibung wird ein Teil der mechanischen Energie wieder in thermische Energie umgewandelt und ebenfalls dem Kühlsystem zugeführt.

Die optimale Betriebstemperatur des Verbrennungsmotors liegt in einem Bereich von 80 °C bis 120 °C. Hohe Temperaturen verbessern die Gemischaufbereitung. Zudem lassen sie das Schmieröl dünnflüssiger werden. Bei zu hohen Temperaturen verliert es aber seine Schmierfähigkeit. Niedrige Temperaturen helfen, die angesaugte Frischluft nicht zu sehr zu erwärmen. Dadurch steigt die Zylinderfüllung. Moderne Kühlsysteme passen die Betriebstemperatur des Motors in jedem Kennfeldpunkt optimal an. Besonders aufwendige Kühlsysteme bestehen aus mehreren Kühlkreisläufen. Dadurch kann man beispielsweise im Kurbelgehäuse eine höhere Temperatur (weniger Reibung) und im Zylinderkopf eine niedrigere Temperatur (höhere Füllung) einstellen.

Bei den Kühlsystemen unterscheidet man zwischen Flüssigkeitskühlung (mit einem umlaufenden Kühlmittel) und Luftkühlung (durch Fahrtwind oder ein Gebläse). Die Luftkühlung wird heute nur noch selten angewendet (beispielsweise bei Kleinkrafträdern), weil sie keine große Wärmemenge abführen kann. Allerdings ist sie sehr einfach, preiswert und robust. Um den Wärmeübergang zu verbessern, wird bei der Luftkühlung die Oberfläche von Zylinderkopf und Zylinder durch Kühlrippen vergrößert.

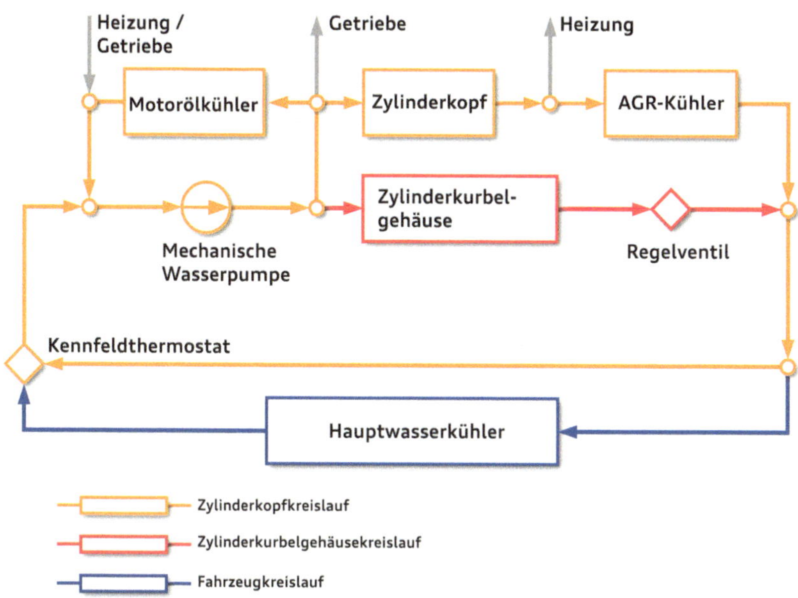

Abb. 3.34 Kühlkreislauf des V6-TDI-Motors von Audi [Fröhlich et al. (2011)]

Bei der Flüssigkeitskühlung zirkuliert ein Kühlmittel (im Allgemeinen Wasser mit einem zusätzlichen Gefrierschutz). Das Wasser wird durch eine Kühlmittelpumpe durch das Kühlsystem gepumpt. Früher hat man auch eine sogenannte Umlaufkühlung verwendet. Bei dieser nutzt man den Effekt aus, dass warmes Wasser durch seine kleinere Dichte nach oben steigt und so eine Zirkulation auslöst. Allerdings ist diese Art der Kühlung kaum steuerbar und deswegen für moderne Motoren nicht geeignet.

Abb. 3.34 zeigt den Kühlkreislauf des 6-Zylinder-TDI-Motors von Audi. Eine mechanische angetriebene Wasserpumpe pumpt das Kühlwasser durch das Zylinderkurbelgehäuse. Das erwärmte Wasser wird im Hauptwasserkühler durch den Fahrtwind gekühlt. Falls der Motor nach dem Kaltstart seine Betriebstemperatur noch nicht erreicht hat, wird der Wasserkühler umgangen. Dazu öffnet ein Thermostatventil die entsprechende Bypassleitung. Ein Teil des Kühlwassers strömt nicht durch das Kurbelgehäuse, sondern wird für andere Kühlaufgaben verwendet. Dazu strömt es durch den Zylinderkopf, den Kühler der Abgasrückführung (vergleiche Abschn. 7.1) und den Motorölkühler (vergleiche Abschn. 3.13). Die Temperatur des Kühlwassers kann bis zu 120 °C betragen. Damit dabei das Wasser nicht siedet, wird im System ein erhöhter Druck eingestellt. Im Bild nicht dargestellt ist der Ausgleichsbehälter. Dieser sorgt dafür, dass sich das Kühlwasser bei Druck- und Temperaturänderungen ausdehnen kann.

Kühlwasserpumpe

Die Kühlwasserpumpe pumpt die Kühlflüssigkeit mit einem hohen Volumenstrom durch das gesamte Kühlsystem. Im Allgemeinen wird das Wasser etwa 10-mal pro Minute umgewälzt. Die Pumpe wird dazu über einen Zahnriemen von der Kurbelwelle angetrieben. Moderne Motoren möchten zur Einsparung von Energie die Pumpe nicht stärker als notwendig laufen lassen. Dazu gibt es zwei Möglichkeiten: Bei der mechanisch von der Kurbelwelle angetriebenen Pumpe kann die Verbindung durch ein Reibrad getrennt und dadurch die Pumpe ausgeschaltet werden. Zunehmend werden elektrisch angetriebene Pumpen verwendet. Diese kann man einfach und schnell optimal auf den Kühlbedarf einstellen.

Elektronische Kühlsysteme regeln die Kühlmitteltemperatur in Abhängigkeit vom jeweiligen Motorlastzustand. Ein elektrisch beheizter Thermostat und gesteuerte Kühlerlüfterstufen regeln kennfeldgesteuert im gesamten Last- und Leistungszustand des Motors eine optimale Betriebstemperatur. Vorteile: Verbrauchsreduzierung im Teillastbereich, Reduzierung der Schadstoffe im Abgas, Leistungserhöhung bei Volllast (angesaugte Luft wird weniger erwärmt).

3.13 Schmiersystem

Aufgaben

Das Schmiersystem hat die Aufgabe

- die Reibung und den Verschleiß zwischen den bewegten Motorteilen zu verringern.
- die Reibungswärme der Lager und ein Teil der Verbrennungswärme abzuführen.
- die Feinabdichtung zwischen Kolben, Kolbenringen und Zylinderwandung vorzunehmen.
- den Motor vor Korrosion zu schützen.
- metallische Abriebteile von den Lagern abzuführen.
- Ruß und Fremdstoffe in Schwebe zu halten.
- die Motorgeräusche zu dämpfen.
- Die Leistungsaufnahme der Ölpumpe klein zu halten.

- Das Öl schnell auf Betriebstemperatur zu bringen, die maximale Öltemperatur aber zu begrenzen.

Belastungen

Das Schmieröl ist hohen thermischen und mechanischen Belastungen ausgesetzt. Hinzu kommen die Belastungen durch den Kontakt mit der Luft, dem Kraftstoff, den Verbrennungsgasen und mit Verunreinigungen. Das kann zur Ölverschlammung, zur Ölverdünnung oder -verdickung und zur Ölalterung führen. Zudem wird Öl verbraucht, indem es vom Ölfilm auf der Zylinderbuchse und den Ventilführungen abgetragen und im Zylinder verbrannt wird. Deswegen muss der Ölstand im Motor regelmäßig kontrolliert und eventuell Öl nachgefüllt werden. In festgelegten Abständen müssen das Öl durch neues ersetzt und der Ölfilter gewechselt werden.

Motoröl

Motoröl wird häufig aus Mineralöl hergestellt. Durch zusätzliche Additive wird die Schmiereigenschaften an die jeweilige Anwendung angepasst. Neuerdings werden vermehrt vollsynthetische Öle eingesetzt, die gerade bei hochbelasteten Motoren bessere Schmiereigenschaften und eine höhere Einsatzdauer ermöglichen.

Die Viskosität (Zähflüssigkeit) des Schmiermittels ist für die Wirksamkeit der Schmierung von Bedeutung. Das Öl darf bei niedrigen Temperaturen nicht zu zähflüssig sein (hoher Reibungswiderstand), muss bei hohen Temperaturen jedoch noch zähflüssig genug sein, damit der Schmierfilm nicht unterbrochen wird.

Nach ihrer Viskosität werden Motor- und Getriebeöle in Viskositätsklassen eingeteilt. Verschiedene Normen gibt es von der SAE (Society of Automotive Engineers), dem API (American Petroleum Institute) und der Vereinigung der europäischen Automobilindustrie (ACEA). Generell gilt, dass man immer die Vorgaben der Motorenhersteller berücksichtigen sollte.

Schmiersysteme

Die Druckumlaufschmierung (Abb. 3.35) ist die meistverwendete bei Viertaktmotoren. Das Öl wird von der Öldruckpumpe aus der Ölwanne angesaugt. Das Überdrucksicherheitsventil innerhalb des Pumpengehäuses begrenzt den maximalen Öldruck (4 bis 8 bar) und leitet das überschüssige Öl in den Ansaugkanal der Pumpe zurück.

Das Öl gelangt zum Ölfiltergehäuse mit eingebautem Ölkühler. Von dort aus geht es zum Ölhauptkanal im Motorgehäuse. Hier ist ein Öldruckschalter angebracht, der abfallenden Öldruck über eine Warnleuchte anzeigt. Bei manchen Motoren gibt ein Öldruckgeber über eine Öldruckanzeige den Öldruck an. Vom Hauptkanal gelangt das Öl durch Querbohrungen zu den Kurbelwellenhauptlagern und

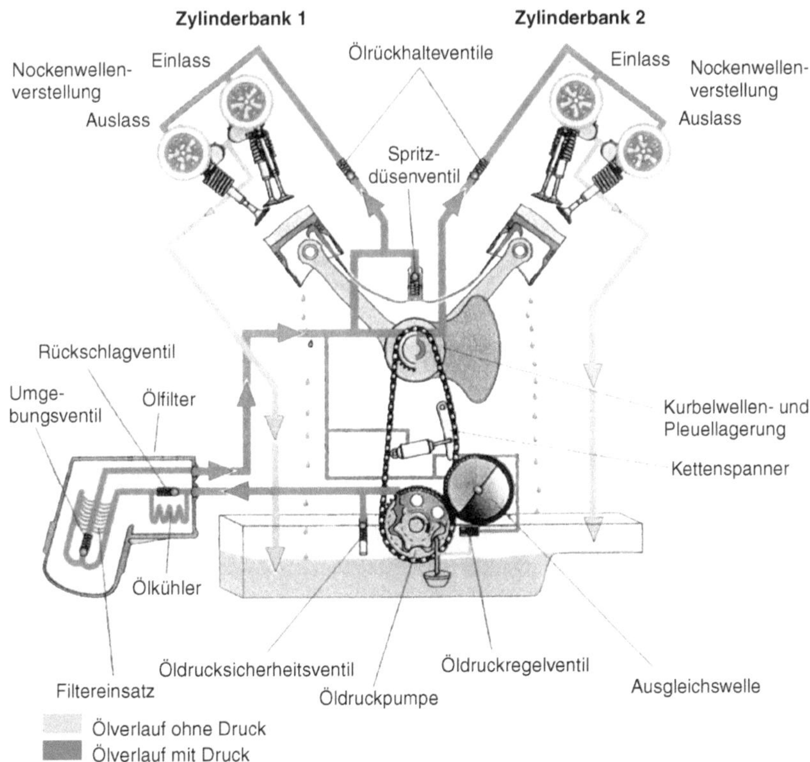

Abb. 3.35 Schmierölkreislauf (Druckumlaufschmierung) des V6-Motors von Audi [Braess und Seiffert (2013)]

über die Kurbelwellenschrägbohrungen zu den Pleuellagern. Hier tritt das Öl meist seitlich aus und das Schleuderöl schmiert die Zylinderwandungen und die Kolbenbolzenlager. Hochleistungsmotoren erhalten längs durchbohrte Pleuel oder Ölspritzdüsen (Abb. 3.36), die für die Schmierung und die Kolbenkühlung sorgen.

Vom Hauptölkanal führt ein Ölkanal zum Zylinderkopf und schmiert dort die Nockenwellenlagerstellen und die Stößel (Hydrostößel) oder Kipphebellagerstellen. Ventile und Ventilführungen werden durch Spritzöl der Nockenwellenschmierung versorgt. Vom Steigkanal werden Ölströme für die Kettenspanner, Steuerketten oder Steuerräder abgezweigt.

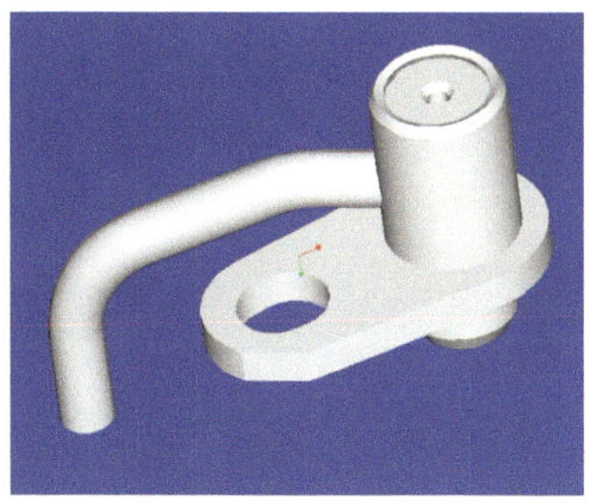

Abb. 3.36 Ölspritzdüse für einen 6-Zylinder-Motor von BMW [Schwarz und Adolph (2001)]

Die Einspritzpumpen von Dieselmotoren und Abgasturbolader sind meist in den Kreislauf einbezogen. Ein Ölrückhalteventil im Steigkanal verhindert Ölrückfluss nach dem Motorabstellen.

Bei der Trockensumpfschmierung befindet sich das Öl in einem separaten Öltank außerhalb des Motors. Durch eine Rückförderpumpe wird das von den Schmierstellen zurückfließende Öl sofort in den Tank geleitet. Eine Druckölpumpe saugt aus diesem Behälter an und arbeitet weiter wie bei der Druckumlaufschmierung. Die Trockensumpfschmierung wird bei Sportwagen, Motorrädern und Geländefahrzeugen verwendet, um bei schnellen Kurvenfahrten oder starker Schräglage des Motors eine ausreichende Schmierung zu gewährleisten.

Zur Kontrolle der ausreichenden Ölmenge werden Peilstäbe oder in der Ölwanne angebrachte elektrische Ölstandsgeber verwendet.

Ölpumpe

Ölpumpen dienen zur Förderung des Ölstroms und zum Aufbau des Öldrucks im Motorschmiersystem. Sie werden über Ketten oder Stirnräder von der Kurbelwelle angetrieben. Moderne Motoren verfügen zunehmend über regelbare Ölpumpen (vergleiche Abb. 3.37). Bei diesen wird der Öl-Volumenstrom an die jeweilige Fahrsituation angepasst. Teilweise werden bei modernen Motoren sogar betriebspunktabhängig die für die Kolbenkühlung verwendeten Ölspritzdüsen zu- und abgeschaltet. Auf diese Weise werden das Antriebsmoment der Ölpumpe und damit die mechanischen Verluste des Motors und somit der Kraftstoffverbrauch minimiert.

Ölfilter

Ölfilter entfernen Metallabrieb, Verbrennungsrückstände und Verunreinigungen aus dem Ölstrom. Nach der Anordnung der Filter im Ölstrom unterscheidet man

Abb. 3.37 Variable Ölpumpe [SHW AG]

zwischen Hauptstrom- und Nebenstrom-Ölfilter. Hauptstromfilter filtern den gesamten von der Ölpumpe kommenden Ölstrom bei jedem Umlauf. Das ist eine sichere und häufig angewendete Filteranordnung mit einer mittelfeinen Filterwirkung. Um bei einem verstopften Ölfilter trotzdem einen funktionierenden Ölkreislauf zu haben, ist ein Umgehungsventil notwendig. Nebenstromfilter filtern nur etwa 5 bis 15 % der umlaufenden Ölmenge. Der Rest geht ungefiltert zu den Schmierstellen. Das gesamte Öl wird erst im Verlauf mehrerer Umläufe gefiltert. Daher ist sehr feine Filterung möglich.

Ölkühler

Ölkühler (meist im Hauptstrom) haben die Aufgabe, bei thermisch hochbelasteten Motoren (zum Beispiel mit Abgasturbolader) durch ausreichende Kühlung für die Erhaltung der Schmierfähigkeit zu sorgen. Im Normalfall ist die Ölwanne durch ihre Anordnung im Fahrtwind zur Kühlung ausreichend. Ölkühler werden als Luftölkühler oder als Wärmetauscher (kühlwassergekühlt) gebaut. In der Warmlaufphase wird dadurch die Betriebstemperatur des Motors schneller erreicht. Nach Öffnung des Kühlwasserthermostates findet eine Umkehrung des Wärmeaustausches (Kühlung des Schmiermittels durch das Kühlmittel) statt.

Variable Motorsteuerung

Im Abschn. 1.5.2 wurde bereits erläutert, dass die große Herausforderung der modernen Motorenentwicklung ist, den Verbrennungsmotor im gesamten Kennfeldbereich optimal einzustellen. Hierfür benötigt man entsprechende Eingriffsmöglichkeiten (Aktoren) und eine Motorelektronik, die diese optimal ansteuert (vergleiche Kap. 9). Auf diese Weise lässt sich der Motor optimal hinsichtlich Kraftstoffverbrauch und/oder Drehmoment und/oder Schadstoffemissionen einstellen. Neben den die Verbrennung beeinflussenden Stellgrößen Einspritzzeitpunkt und Einspritzdauer (Otto- und Dieselmotor) sowie Zündzeitpunkt (nur Ottomotor) ist es vor allem die Luftversorgung, die einen wesentlichen Einfluss auf das Betriebsverhalten des Motors hat. Im Abschn. 1.4.1 wurde erklärt, dass man durch eine variable Saugrohrlänge, durch variable Ventilsteuerzeiten und durch einen variablen Ventilhub die Luftversorgung der Zylinder beeinflussen kann. Im Folgenden werden hierfür konstruktive Lösungen gezeigt.

Eine variable Saugrohrlänge kann beispielsweise erreicht werden, indem man das lange Saugrohr spiralförmig gestaltet und durch entsprechende Bypassklappen die Luft auf einem langen oder auf einem kurzen Weg zum Zylinder leitet. Diese Bauweise benötigt recht viel Platz und wurde beispielsweise bei V6-Saugmotoren verwendet. Aktuell nutzt man eher Resonanzeffekte (vergleiche Abb. 4.1). Durch das Öffnen und Schließen von Klappen kann man die Größe von Hohlräumen verändern. Damit ändert sich das Schwingungsverhalten der Luft in diesen Hohlräumen. Bei einer günstigen Abstimmung schwingt die Luft im Sammler so, dass der Druck vor dem Zylinder lokal gerade dann erhöht ist, wenn die Einlassventile des jeweiligen Zylinders öffnen.

Variable Ventilsteuerzeiten sind ebenfalls eine beliebte Methode, um die Zylinder mit mehr Luft zu versorgen. Eigentlich müsste man die Einlassventile am Ende des Einlassvorgangs dann schließen, wenn der Kolben im unteren Totpunkt angelangt ist und das Zylindervolumen maximal ist. Es zeigt sich aber, dass man die Einlassventile noch offen lassen kann, wenn sich der Kolben schon wieder

© Springer Fachmedien Wiesbaden GmbH 2017
K. Schreiner, *Verbrennungsmotor – kurz und bündig*,
https://doi.org/10.1007/978-3-658-19426-0_4

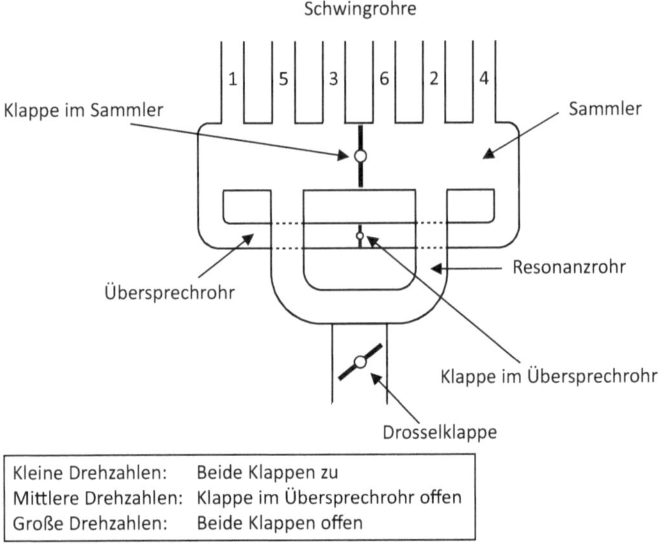

Abb. 4.1 Resonanzaufladung bei einem 6-Zylinder-Reihenmotor [nach Biba et al. (2006)]

nach oben bewegt. Er möchte dabei die angesaugte Frischladung wieder aus dem Zylinder schieben. Die gerade bei großen Drehzahlen hohe Dynamik der aus dem Saugrohr in den Zylinder einströmenden Luft schafft es aber, trotz der Aufwärtsbewegung des Kolbens noch für eine gewisse Zeit Luft in den Zylinder zu schieben. Erst wenn es zu einer Strömungsumkehr kommt und der Kolben wirklich die Zylinderladung wieder ausschiebt, muss man die Ventile schließen. Das bedeutet, dass insbesondere bei großen Drehzahlen die Einlassventile noch lange nach dem unteren Totpunkt geöffnet bleiben dürfen. Bei kleinen Drehzahlen muss man sie schon früher schließen. Diese Variabilität im Zeitpunkt „Einlass schließt" wird erreicht, indem man die komplette Einlassnockenwelle relativ zur ihrem kurbelwellenseitigen Antrieb verdreht. Das geschieht heute im Allgemeinen mit einem Flügelzellen-Nockenwellen-Versteller (Abb. 4.2). Dieser kann die Position der Einlassnockenwelle in einem gewissen Verstellbereich beliebig festlegen.

Bei der Verdrehung der Nockenwelle nimmt man in Kauf, dass sich nicht nur der Zeitpunkt „Einlass schließt", sondern gleichzeitig auch der Zeitpunkt „Einlass öffnet" ändert. Bei modernen Motoren wird zuweilen auch die Auslassnockenwelle verstellt, um in der Ladungswechselposition „oberer Totpunkt" sowohl die Einlass- als auch die Auslassventile für eine gewisse Zeit gleichzeitig offen hal-

Abb. 4.2 Beim Flügel-
zellen-Nockenwellen-
Versteller kann man die
Position der Nockenwel-
le verändern, indem man
Öldruck in die Hohlräume
links und rechts der beweg-
lichen Flügel leitet. Die
Nockenwelle ist am inneren
Flügelrad befestigt. Der An-
trieb erfolgt außen über das
Kettenrad [SHW AG]

ten zu können (Ventilüberschneidung). In dieser Phase strömt Frischluft direkt in
das Abgassystem und hilft, das restliche Abgas besser aus dem Zylinder zu spü-
len. Man kann dieses „Scavenging" auch verwenden, um bei einem Turbomotor
das Abgassystem mit mehr Massenstrom zu versorgen und so den Turbolader auf
einer höheren Drehzahl zu halten. Dadurch wird das sogenannte Turboloch verklei-

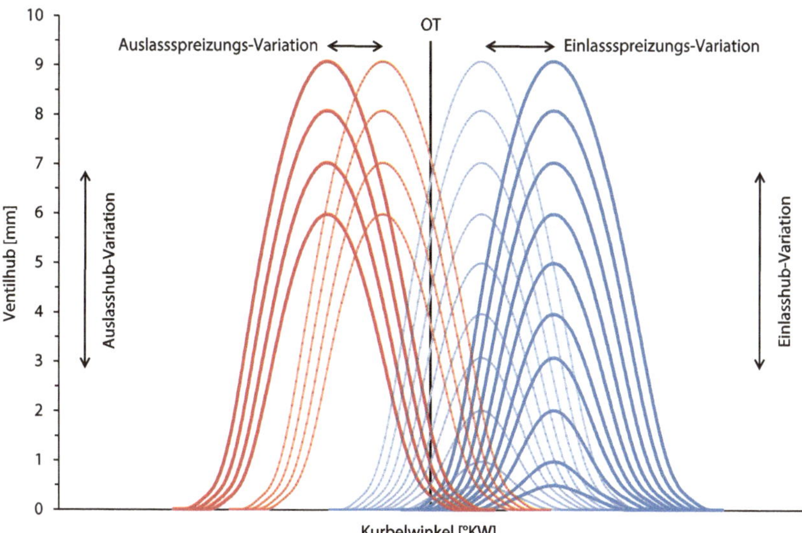

Abb. 4.3 Bei vollvariablen Ventilen können der Hub und die Steuerzeiten der Einlass- und
der Auslassventile kontinuierlich verändert werden [Flierl et al. (2014)]

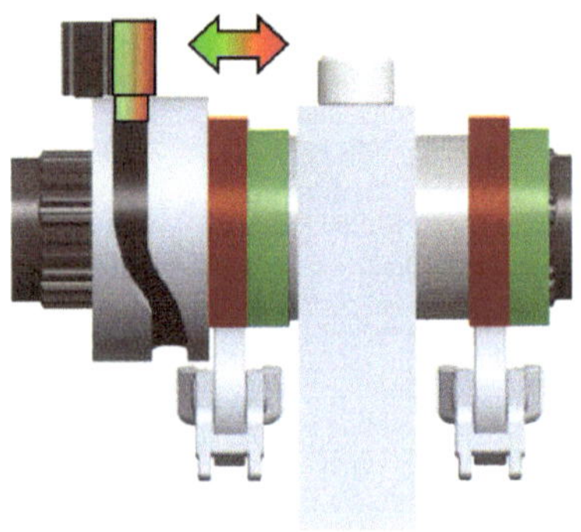

Abb. 4.4 Zylinderabschaltung bei VW [Indra (2011)]

nert. Allerdings wird der Motor dann mit einem Luftüberschuss betrieben, welcher den 3-Wege-Katalysator des Ottomotors bezüglich der Stickoxid-Beseitigung wirkungslos macht.

Wenn der Ventilhub kontinuierlich variabel eingestellt werden kann (vergleiche Abb. 4.3), kann man beim Ottomotor auf die Drosselklappe verzichten und den Drosseleffekt direkt beim Zylinder erreichen. Das hat den Vorteil, dass die durch die Drosselung hervorgerufenen Turbulenzen im Zylinder auftreten und dort die Verbrennung positiv beeinflussen. BMW hat ein derartiges System mit dem Namen Valvetronic im Serieneinsatz. FIAT variiert bei den Multiair-Motoren die Steuerzeit und den Hub der Einlassventile hydraulisch.

Wenn der Aufwand für eine kontinuierliche Änderung des Ventilhubs zu groß ist, kann man Nockenwellen verwenden, die pro Ventil zwei Nocken mit unterschiedlichen Maximalhüben anbieten. Durch eine geeignete mechanische Lösung betätigt der kleine oder der große Nocken das jeweilige Ventil. So lassen sich zwei verschiedene Ventilhübe einstellen. Beispielsweise verwenden Porsche (VarioCam Plus) und Honda (VTEC) derartige Systeme schon lange. Bei VW wird ein solches System verwendet, um einen Nullhub zu erreichen. So kann man im Betrieb des Motors die Ventile eines Zylinders komplett stilllegen und damit eine Zylinderabschaltung realisieren (vergleiche Abschn. 1.5.2 und Abb. 4.4).

5.1 Ottomotor

Bei Ottomotoren wird die Verbrennung durch einen Zündfunken zwischen den Elektroden einer Zündkerze (Abb. 5.1) ausgelöst.

Ab diesem Zeitpunkt läuft die Verbrennung selbstständig. Eine Flammenfront bewegt sich ausgehend von der Zündkerze durch den Brennraum und erfasst nach und nach den kompletten Kraftstoff, bis die Flammenfront an den Brennraumwänden ankommt und die Verbrennung endet. Damit die Verbrennung zwischen den Elektroden der Zündkerze ausgelöst werden kann, muss dort ein Luftverhältnis innerhalb der Zündgrenzen von Benzin ($0{,}7 < \lambda < 1{,}3$) vorliegen. Der häufig verwendete 3-Wege-Katalysator fordert darüber hinaus, dass das Luftverhältnis bei 1 (stöchiometrisches Gemisch) liegt (Lambda-Regelung, vergleiche Kap. 9). Wenn man den Kraftstoff und die Luft in diesem Verhältnis mischt und dem Gemisch genügend Zeit für die Homogenisierung gibt, dann liegt natürlich auch zwischen den Elektroden der Zündkerze ein stöchiometrisches Gemisch vor.

Am einfachsten ist die sogenannte Saugrohreinspritzung. Man spritzt den Kraftstoff in das Saugrohr jedes Zylinder unmittelbar vor dem Einlassventil (Abb. 5.2). Man nennt das eine Einzeleinspritzung oder eine Multi-Point-Einspritzung, weil jeder Zylinder über eine eigene Einspritzdüse verfügt. Früher kannte man die Zentraleinspritzung oder Single-Point-Einspritzung mit nur einer zentralen Einspritzdüse und einer anschließenden Aufteilung des Gemischs auf die verschiedenen Zylinder. Bei dieser einfachen Art der Einspritzung ist aber nicht gewährleistet, dass sich der Kraftstoff gleichmäßig auf die einzelnen Zylinder aufteilt. Dies ist aber notwendig, damit die Schadstoffemissionen des Motors minimiert werden können.

Die Multi-Point-Saugrohreinspritzung ist relativ einfach zu realisieren, weil der Kraftstoff in die noch nicht komprimierte Luft eingespritzt wird, die höchstens auf

© Springer Fachmedien Wiesbaden GmbH 2017

K. Schreiner, *Verbrennungsmotor – kurz und bündig*,

https://doi.org/10.1007/978-3-658-19426-0_5

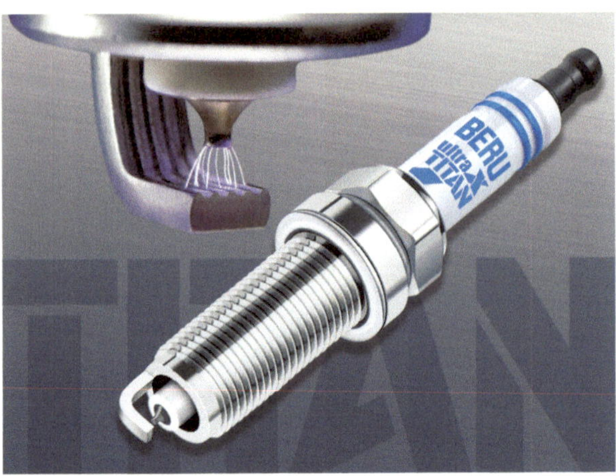

Abb. 5.1 Moderne Zündkerze eines Ottomotors: Die fünf scharfen Kanten der Poly-V-Dachelektrode werden vom Zündfunken ständig wechselnd angesteuert. Dadurch hält die Zündkerze bis zu 60.000 km [Federal-Mogul Motorparts]

Ladedruckniveau (Absolutdruck von maximal 2,5 bar) ist. Zudem hat die Einspritzung relativ lange Zeit (maximal nahezu das komplette Arbeitsspiel, vergleiche Abb. 1.8).

Bei der modernen Direkteinspritzung wird der Kraftstoff wie bei einem Dieselmotor direkt in den Zylinder eingespritzt. Das hat den Vorteil, dass der Kraftstoff erst im Zylinder verdampft und diesen dadurch kühlt, was die Klopfgefahr verringert. Allerdings muss der Kraftstoff dann mit einem hohen Druck (bis zu 200 bar) in die schon teilweise komprimierte Luft eingespritzt werden. Zudem ist die mögliche Zeitspanne für die Einspritzung deutlich kürzer, weil frühestens nach dem Schließen des Auslassventils mit der Einspritzung begonnen werden kann. Spätestens zum Zündzeitpunkt muss sie abgeschlossen sein. Wenn der Einspritzvorgang früh genug stattfindet, dann hat das Kraftstoff-Luft-Gemisch noch einigermaßen Zeit, um sich homogen zu vermischen und somit für ein stöchiometrisches Gemisch zwischen den Elektroden der Zündkerze zu sorgen. Falls die Homogenisierung nicht gelingt, kommt es zu einem schlechten Motorlauf und zu Rußemissionen des Ottomotors. Einige hochwertige Motoren verwenden deswegen eine Saugrohreinspritzung und eine Direkteinspritzung gemeinsam.

Ganz wenige Motoren (zum Beispiel Daimler im Mercedes M276) nutzen die Benzindirekteinspritzung, um das Problem der hohen Ladungswechselverlus-

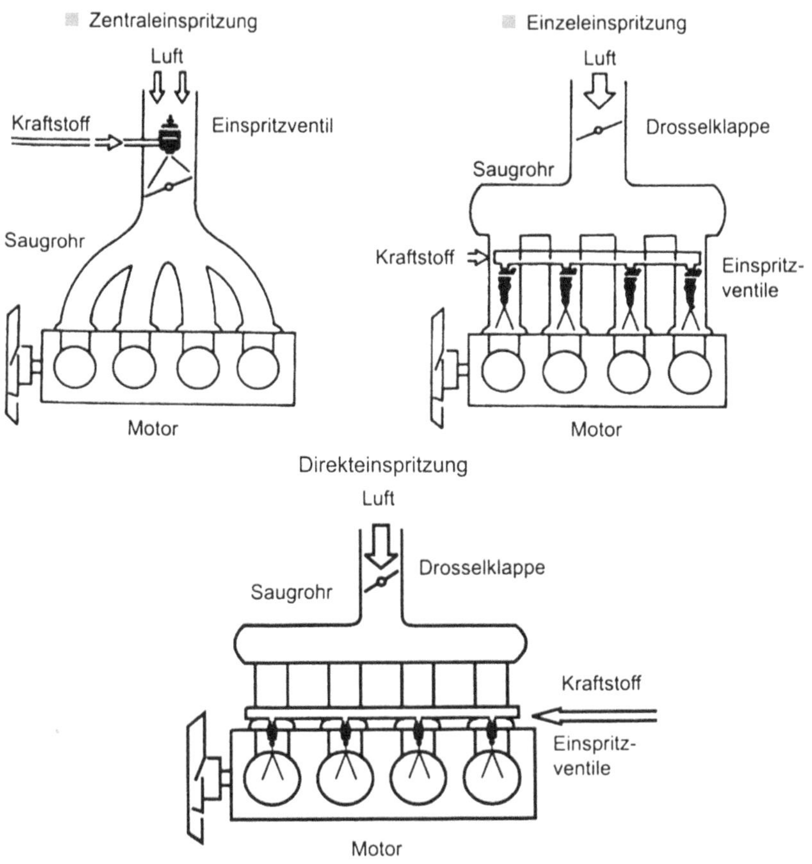

Abb. 5.2 Drei verschiedene Möglichkeiten der ottomotorischen Einspritzung: Moderne Motoren verwenden häufig die Benzindirekteinspritzung [Pischinger (2015b)]

te durch die Drosselklappe (vergleiche Abschn. 1.6.5 und 1.6.6) zu verringern. Bei der sogenannten Benzindirekteinspritzung mit Ladungsschichtung saugt der Zylinder bei voll geöffneter Drosselklappe eine volle Ladung Luft an. Die im Schwachlastgebiet kleine notwendige Kraftstoffmenge spritzt man so spät und so geschickt in der Nähe der Zündkerze ein, dass der Kraftstoff keine Zeit für die Homogenisierung mit der Luft hat. Er konzentriert sich vielmehr in der Nähe der Zündkerze und sorgt dort für ein nahezu stöchiometrisches und damit zündfähiges Gemisch. Die überschüssige Luft (mageres Gemisch) wirkt bei der sich anschließend ausbreitenden Flammenfront nicht störend. Auf diese Weise kann man den Ottomotor entdrosseln und gerade im Stadtverkehr den Kraftstoffverbrauch deutlich senken. Allerdings kann bei dem mageren Motorbetrieb der 3-Wege-Katalysator die Stickoxid-Emissionen nicht reduzieren. Solche Motorkonzepte benötigen zusätzlich einen sogenannten NO_x-Speicherkatalysator, der die Stickoxide sammelt und der bei Bedarf durch einen sehr fetten Motorbetrieb gereinigt werden muss. Diese Technik ist dermaßen aufwendig und teuer, dass sie nur in wenigen Motoren verwendet wird.

Ottomotoren leiden unter einer hohen Klopfgefahr. Klopfen bedeutet, dass an einer Stelle im Brennraum die Verbrennung durch Selbstzündung ausgelöst wird, bevor die Flammenfront angekommen ist. (Klopfen bedeutet nicht, dass die Verbrennung vor dem Auslösen des Zündfunkens durch Selbstzündung beginnt. Diesen unschädlichen Vorgang nennt man Glühzündung.) Das führt dann lokal zu hohen Drücken und Temperaturen, die Bauteile des Motors (zum Beispiel Kolbenringe, Kolben oder Zylinderkopfdichtung) mechanisch und thermisch zerstören können. Das Klopfen muss unbedingt verhindert werden. Das geschieht, indem man dafür sorgt, dass sich die Flamme im Brennraum schnell ausbreitet und so eine Selbstzündung vor dem Eintreffen der Flammenfront verhindert wird. Folgende Randbedingungen sorgen für eine geringe Klopfneigung:

- kleine Brennraumraumabmessungen (Es gibt keine Ottomotoren mit großen Zylinderdurchmessern.)
- zentrale Lage der Zündkerze (Das geht am besten mit einer 4-Ventil-Technik.)
- hohe Oktanzahl des Kraftstoffes
- fettes Gemisch (Dann arbeitet der 3-Wege-Katalysator aber nicht mehr.)
- später Zündzeitpunkt, niedriges Verdichtungsverhältnis, wenig Ladedruck (Dadurch sinkt aber die Effizienz des Motors.)

Die Forderung nach hohen Motormitteldrücken und sparsamen Motoren erfordert einen frühen Zündzeitpunkt mit einer entsprechend hohen Klopfgefahr (vergleiche Abb. 1.26). Deswegen besitzen moderne Ottomotoren eine sogenannte Klopfregelung. Ein Klopfsensor erkennt die sich anbahnende Klopfgefahr anhand eines Körperschallsignals zylinderselektiv. Die Motorelektronik reagiert sofort und legt den Zündzeitpunkt nach spät. Das ist zwar nicht effizient, schützt aber den Motor. Nach einer kurzen Pause tastet sich die Motorelektronik durch eine schrittweise Nach-früh-Legung des Zündzeitpunktes wieder an die Klopfgrenze heran. So wird versucht, den Motor optimal einzustellen, aber ohne dass es zum Klopfen kommt.

5.2 Dieselmotor

Die dieselmotorische Verbrennung funktioniert prinzipiell anders als die ottomotorische. Beim Ottomotor wird ein vorhandenes und homogenes Kraftstoff-Luft-Gemisch durch einen Zündfunken an einer ganz bestimmten Stelle entflammt und so die Verbrennung ausgelöst. Beim Dieselmotor, der ein Selbstzünder ist, darf der Kraftstoff erst dann in den Brennraum eingespritzt werden, wenn die Verbrennung beginnen soll. Zunächst saugt der Dieselmotor ungedrosselt eine komplette Zylinderfüllung Luft an und komprimiert diese. Kurz vor dem oberen Totpunkt wird dann fein zerstäubter Kraftstoff in den Brennraum eingespritzt. Nach kurzer Zeit (Zündverzug) beginnt die Verbrennung an vielen Stellen im Brennraum gleichzeitig. Dadurch, dass der Kraftstoff kaum Zeit hat, sich mit der Luft gleichmäßig zu vermischen, liegt ein inhomogenes Gemisch vor, das zur Rußbildung neigt. Je feiner der Kraftstoff zerstäubt ist, umso geringer ist die Neigung zur Rußbildung. Deswegen spritzt man den Kraftstoff mit einem hohen Druck durch mehrere (zum Beispiel acht) sehr feine Einspritzdüsenlöcher (mit einem Durchmesser von beispielsweise 0,1 mm). Weil der Druck der komprimierten Luft in der Nähe des oberen Totpunktes ohnehin schon deutlich über 100 bar liegen kann, wird ein umso höherer Einspritzdruck benötigt. Bei heutigen Dieselmotoren wird mit ca. 2000 bar eingespritzt. Ein Ende der Anhebung des Einspritzdruckes scheint aber noch nicht erreicht zu sein.

Weil sich der Kolben während der Einspritzung in OT-Nähe befindet, ist der Brennraum sehr klein. Damit die Einspritzstrahlen nicht auf den kalten Kolbenboden treffen, was zu hohen HC-Emissionen führen würde, benötigt jeder Dieselmotorkolben eine sogenannte Kolbenmulde (vergleiche Abb. 5.3). Für die Auslegung der Geometrie dieser Mulde benötigt der Verbrennungsentwickler ein sehr großes Know-how.

Es gibt in der Historie des Dieselmotors viele verschiedene Einspritzsysteme. Ihnen allen ist gemeinsam, dass der Einspritzdruck über eine hydraulische Pumpe erzeugt wird. Für diese gilt, dass bei langsamer Bewegung des Pumpenkolbens der Einspritzdruck nur gering ist. Nur bei schneller Bewegung entsteht der hohe Druck, der die Rußbildungsgefahr reduziert. Die Antriebsleistung der dieselmotorischen Einspritzpumpe ist so hoch (etwa 1 bis 2 % der Motorleistung), dass die Pumpe nur direkt vom Motor angetrieben werden kann. Eine elektrische Pumpe scheidet aus. Das bedeutet, dass bei kleinen Motordrehzahlen auch nur ein kleiner Einspritzdruck bereitgestellt werden kann. Aber gerade bei kleinen Drehzahlen und hoher Last neigen die Dieselmotoren zum Rußen.

Das einzige System, das in der Lage ist, schon bei kleinen Motordrehzahlen einen hohen Einspritzdruck bereitzustellen, ist das Common-Rail-System

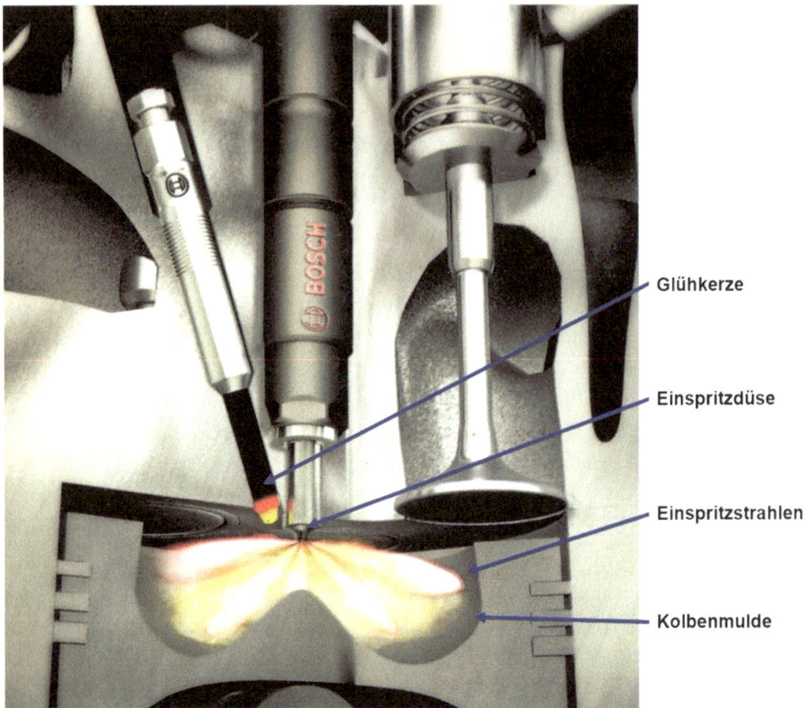

Abb. 5.3 Die Einspritzdüse spritzt den Kraftstoff mit hohem Druck durch mehrere Einspritzdüsenlöcher in den Brennraum ein. Die Kolbenmulde sorgt dafür, dass die Kraftstoffstrahlen nicht auf den kalten Kolben auftreffen. Die Glühkerze erhöht beim Kaltstart die Brennraumtemperatur, um günstige Bedingungen für die Selbstzündung zu erzielen [Robert Bosch GmbH]

(Abb. 5.4). Deswegen hat es sich bei allen modernen Dieselmotoren durchgesetzt. Die Grundidee dabei ist, dass die Hochdruckpumpe gewissermaßen überdimensioniert ist. Sie kann schon bei kleinen Drehzahlen einen sehr hohen Einspritzdruck bereitstellen. Damit der Druck bei großen Drehzahlen nicht zu sehr steigt, kann der Zulauf der Hochdruckpumpe gedrosselt werden (Saugdrossel). Der Kraftstoff wird auf Vorrat auf einen hohen Druck komprimiert und in einem Behälter zwischengespeichert. Aus dieser Common-Rail bedienen sich die magnetventilgesteuerten Injektoren der einzelnen Zylinder und spritzen zum richtigen Zeitpunkt die richtige Kraftstoffmenge ein.

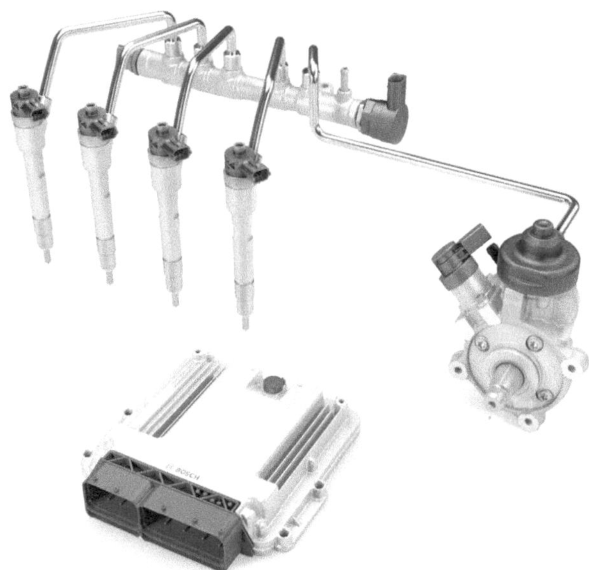

Abb. 5.4 Common-Rail-System eines 4-Zylinder-Reihenmotors: Die Hochdruckpumpe versorgt das Rail, aus dem sich die vier Injektoren bedienen. Im Vordergrund ist die dazu notwendige Elektronik abgebildet [Robert Bosch GmbH]

Wenn dann die ersten Kraftstofftröpfchen in den Brennraum eingespritzt wurden und verdampft sind, fangen sie von alleine an zu brennen. Weil die Einspritzung aber eine große Anzahl von feinzerstäubten Tropfen eingespritzt hat, beginnt die Verbrennung an vielen Stellen im Brennraum nahezu gleichzeitig. Das ist sehr effizient und mit ein Grund für die hohen Wirkungsgrade des Dieselmotors. Allerdings ist diese Selbstzündungsverbrennung im direkteinspritzenden Dieselmotor auch sehr laut – das typische Diesel-Nageln. Im Pkw konnte sich die Direkteinspritzung erst durchsetzen, als es gelungen war, das Nageln durch eine sogenannte Voreinspritzung zu reduzieren. Dabei wird zunächst eine nur sehr kleine Einspritzmenge (Voreinspritzung oder Piloteinspritzung) eingespritzt. Diese verbrennt heftig, aber nicht besonders laut, weil es nur wenig Kraftstoff ist. Sobald dieser Kraftstoff brennt, wird die Haupteinspritzung vorgenommen. Jetzt dringen die Einspritzstrahlen in einen schon heißen Brennraum ein und verbrennen sehr leise. Heutige Dieseleinspritzsysteme können die Einspritzmenge in fünf oder mehr Portionen einspritzen und so die Verbrennung gestalten. Sehr späte Einspritzvorgänge helfen dabei, die Abgastemperatur auf ein hohes Niveau zu bringen, um beispielsweise den Dieselpartikelfilter regenerieren zu können.

Ottomotoren können nur bei Luftverhältnissen λ zwischen etwa 0,7 und 1,3 betrieben werden. Dieselmotoren dagegen kommen mit fast jedem Luftverhältnis zurecht. Die Ursache hierfür liegt in der Selbstzündung der kleinen Einspritztropfen. Auch für Dieselkraftstoff gilt nämlich, dass er sich nur bei Luftverhältnissen zwischen etwa 0,7 und 1,3 selbst entzündet. Dieses Luftverhältnis tritt aber immer irgendwo auf. Dort, wo ein Dieseltropfen noch flüssig und damit noch nicht verdampft ist, liegt ein Luftverhältnis $\lambda = 0$ vor. In größerer Entfernung vom Tropfen liegt reine Luft mit einem Luftverhältnis $\lambda \rightarrow \infty$ vor. Zwischen diesen beiden Extremen liegen beliebige Kraftstoff-Luft-Mischungsverhältnisse vor. Irgendwo wird auch $\lambda \approx 1$ und damit zündfähiges Gemisch sein. Dort beginnt die Verbrennung. Beim Ottomotor muss man also dafür sorgen, dass sich zwischen den Elektroden der Zündkerze zündfähiges Gemisch befindet. Beim Dieselmotor muss man nur dafür sorgen, dass der Kraftstoff möglichst fein zerstäubt ist und dass die Luft in die Kraftstoffstrahlen eindringt. Dann bildet sich automatisch irgendwo ein zündfähiges Gemisch. Wenn allerdings der Kraftstoff nicht fein genug zerstäubt wird oder er nicht gleichmäßig im Brennraum verteilt wird, dann bilden sich lokal Ansammlungen von Kraftstofftropfen, in die keine Luft eindringen kann. Dort entsteht dann Ruß.

5.3 Vergleich Ottomotor – Dieselmotor

Dieselmotoren haben üblicherweise einen besseren Kraftstoffverbrauch als Ottomotoren. Die Ursachen sind:

- Die Ladungswechselverluste sind geringer, weil die Drosselklappe fehlt.
- Ein hohes Verdichtungsverhältnis ist möglich, weil der Dieselmotor nicht klopft.
- Die Verbrennung ist heftiger und kürzer, was letztlich auch effizienter ist.
- Dieselkraftstoff hat einen größeren volumetrischen Heizwert als Benzin.
- Die Kompression von reiner Luft statt eines Kraftstoff-Luft-Gemisches und das hohe Luftverhältnis führen aus thermodynamischen Gründen zu günstigeren Stoffwerten und damit zu einem besseren Wirkungsgrad.

Allerdings hat der Dieselmotor eine geringere Hubraumleistung, weil er wegen des Zeitbedarfs für Gemischbildung, Zündung und Verbrennung nicht bei hohen Drehzahlen betrieben werden kann. Zudem wird der maximal mögliche Mitteldruck durch die Rußgefahr begrenzt.

Tab. 5.1 Vergleich zwischen typischen Otto- und Dieselmotoren für Pkw

	Ottomotor	Dieselmotor
Zündung	Fremdzündung	Selbstzündung
Verdichtungsverhältnis	10–13	15–20
Verdichtungsenddruck in bar	12–60	30–150
Verdichtungsendtemperatur in °C	400–600	700–900
Verbrennungshöchstdruck in bar	40–120	65–200 (220)
max. effektiver Wirkungsgrad in %	37	43
max. Abgastemperatur in °C	700–1200	500–800
maximale Drehzahl in 1/min	6000	4500

Weitere Nachteile des Dieselmotors sind die höhere spezifische Masse wegen der hohen Verbrennungshöchstdrücke und höhere Fertigungskosten insbesondere wegen der Einspritzanlage und der Abgasnachbehandlungsanlage. Der große Nachteil des Ottomotors ist die Klopfgefahr, die auch dazu führt, dass der Ottomotor nur relativ schwach aufgeladen werden kann (maximale Ladeüberdrücke von etwa 1,5 bar). Dieselmotoren werden in Pkw mit Ladeüberdrücken bis zu 3 bar beaufschlagt.

Bei Motoren mit größerem Zylinderhubvolumen spielen die Nachteile des Dieselmotors eine kleinere Rolle, da große Motoren ohnehin eine kleinere Drehzahl haben müssen (wegen der mittleren Kolbengeschwindigkeit). Außerdem wären in einem großen Ottomotor die Flammenwege von der Zündkerze bis zur Brennraumwand zu lang. Deswegen werden größere Motoren immer als Dieselmotoren konzipiert.

Tab. 5.1 fasst die wesentlichen Unterschiede zwischen Otto- und Dieselmotoren in Pkw zusammen.

Aufladung von Verbrennungsmotoren 6

Durch die Aufladung wird der Druck der Umgebungsluft vor dem Motor von einem Verdichter deutlich erhöht. Dadurch saugt der Verbrennungsmotor eine deutlich höhere Luftmasse in das Zylinderhubvolumen. Durch die größere Masse kann mehr Kraftstoff verbrannt werden. So steigt das abgegebene Motordrehmoment und damit die Motorleistung. Im Abschn. 1.4.2 wurden bereits die beiden am meisten verwendeten Grundprinzipien der Aufladung vorgestellt: die Kompressoraufladung und die Abgasturboaufladung (Abb. 1.19).

Bei der Kompressoraufladung wird der Verdichter direkt von der Kurbelwelle angetrieben. Dadurch reduziert sich die Wellenleistung des Verbrennungsmotors. Allerdings ist die benötigte Verdichterleistung deutlich geringer als die Mehrleistung, die durch die Aufladung erzielt wird. Der große Vorteil der Kompressoraufladung ist, dass der Verdichter unmittelbar auf Drehzahländerungen des Motors reagiert und nahezu ohne Verzögerung die benötigte Luftmasse zur Verfügung stellt.

Bei der Abgasturboaufladung wird der Verdichter von einer Abgasturbine angetrieben. Diese entnimmt dem Abgasmassenstrom einen Teil seiner Energie. Auf den ersten Blick hat man den Eindruck, dass die Turbine dem Motor nur die ohnehin wertlose Abgasenergie entzieht und das System damit effizient ist. Bei näherem Hinsehen erkennt man, dass die Turbine ein Strömungshindernis ist. Somit wird den Zylindern das Ausschieben der Abgase erschwert, wodurch die Ladungswechselverluste steigen. (Die Turbine hält dem Motor gewissermaßen den Auspuff zu.) Alles in allem entzieht der Abgasturbolader (ATL) dem Verbrennungsmotor aber weniger Leistung als die Kompressoraufladung. Der große Nachteil der Abgasturboaufladung ist, dass der Turbolader nicht unmittelbar auf eine Drehzahländerung des Motors reagiert. Erst muss die Abgasenergie am ATL ankommen und dann muss dieser auch noch beschleunigt werden. Dies führt zu einer Verzögerung bei der Lastannahme des Motors, was Autofahrer als „Turboloch" wahrnehmen. Um den Turbolader nicht nur in einem Auslegungspunkt des Motors, sondern in einem

© Springer Fachmedien Wiesbaden GmbH 2017
K. Schreiner, *Verbrennungsmotor – kurz und bündig*,
https://doi.org/10.1007/978-3-658-19426-0_6

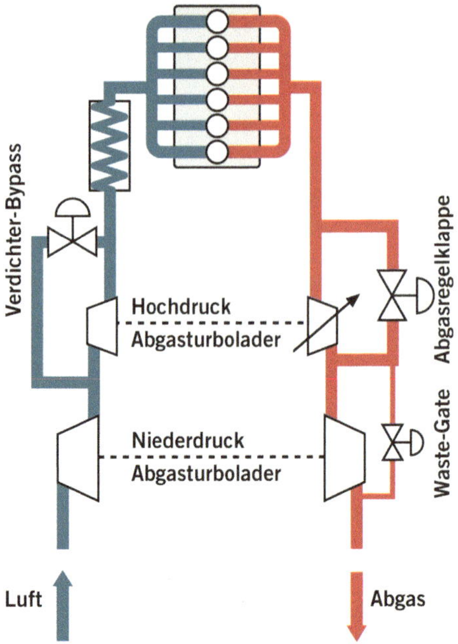

Abb. 6.1 Zweistufige Abgasturboaufladung beim 6-Zylinder-Motor von BMW [Langen et al. (2010)]

großen Kennfeldbereich möglichst optimal einstellen zu können, besitzen moderne Turbomotoren eine Bypass-Leitung (Wastegate) um die Turbine herum. Der Querschnitt dieser Leitung kann im Betrieb des Motors variiert und so der Bypass-Massenstrom eingestellt werden. Noch besser als das Wastegate ist die variable Turbinengeometrie (VTG). Bei dieser kann man die Strömungsverhältnisse innerhalb des Turbinengehäuses beeinflussen. Allerdings sind die dafür benötigen beweglichen Leitschaufeln thermisch so empfindlich, dass man diese Technik im Allgemeinen nur bei Dieselmotoren einsetzen kann. (Ottomotoren haben deutlich höhere Abgastemperaturen.) Bislang verwendet nur Porsche die VTG-Technik bei einem Ottomotor. Es ist aber zu erwarten, dass die VTG-Technik in Zukunft auch bei Ottomotoren vermehrt eingesetzt wird.

Um die Aufladung im gesamten Motorkennfeld optimal einstellen zu können und um beim Turbomotor das Turboloch zu reduzieren, verfügen moderne Motoren häufig über mehr als nur einen Verdichter. Man spricht dann von der zweistufigen (oder bei dem BMW-Motor M550d auch dreistufigen) Aufladung. Zwei Turbolader (vergleiche Abb. 6.1) werden so kombiniert, dass sie nacheinander arbeiten. Der Hochdruck-ATL ist von den Abmessungen her klein und kann deswe-

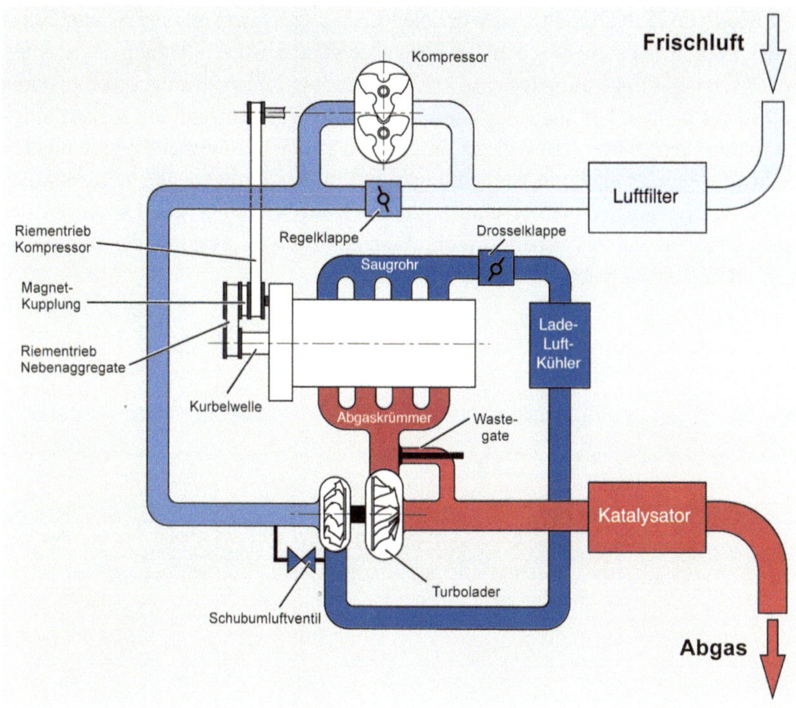

Abb. 6.2 Zweistufige Aufladung beim TSI-Motor durch eine Kombination von Kompressor und Turbolader [Krebs et al. (2005)]

gen gerade im Schwachlastgebiet schnell beschleunigt werden. Das reduziert das Turboloch deutlich. Allerdings ist der HD-ATL zu klein, um den für die Nennleistung benötigten Luftmassenstrom zur Verfügung stellen zu können. Dafür ist der Niederdruck-ATL zuständig. In diesem Betriebspunkt muss der HD-ATL durch Bypass-Leistungen so geschützt werden, dass er nicht in Überdrehzahl gerät. Im mittleren Leistungsbereich arbeiten beide Turbolader gemeinsam, sodass die Luft zweistufig verdichtet wird.

VW setzt in manchen TSI-Motoren eine Alternative ein. Hier werden ein Kompressor und ein Turbolader kombiniert (Abb. 6.2). Der Kompressor ist der „kleine" Verdichter, der bei größeren Motorleistungen geschützt werden muss. Das erfolgt durch Bypass-Leitungen und Stilllegen des Kompressorantriebs durch eine Magnetkupplung.

Moderne Pkw-Dieselmotoren erzielen Ladeüberdrücke von bis zu 3 bar. Das ist bei Ottomotoren nicht möglich. Bei diesen steigt durch die Aufladung die Klopfgefahr, sodass heutige aufgeladene Pkw-Ottomotoren Ladeüberdrücke von maximal 1,5 bar erreichen. Für alle aufgeladenen Motoren gilt, dass man das Verdichtungsverhältnis reduzieren muss, damit die Drücke in der Kompressionsphase nicht zu sehr ansteigen. Reduzierte Verdichtungsverhältnisse verringern aber den effektiven Motorwirkungsgrad und verschlechtern die Kaltstartfähigkeiten. Deswegen darf man das Verdichtungsverhältnis nicht zu stark absenken, wodurch die Ladedrücke auf die oben genannten Bereiche beschränkt sind.

Bei der Verbrennung von Kraftstoff im Zylinder eines Verbrennungsmotors entstehen neben den natürlichen Reaktionsprodukten H_2O und CO_2 prinzipiell noch viele weitere Komponenten. Der Gesetzgeber hat einige davon (CO, HC, NO_x und Rußpartikel) zu Schadstoffen erklärt und deren Emission limitiert. Grundsätzlich gilt, dass man die Schadstoffe entweder im Zylinder oder nach dem Zylinder in einer Abgasnachbehandlungsanlage minimieren kann. Im Zylinder kann man entweder die Entstehung verhindern oder die entstandenen Komponenten im Laufe des Verbrennungsprozesses teilweise wieder abbauen. Im Allgemeinen versucht man, die Rohemissionen, die den Zylinder verlassen, möglichst gering zu halten, damit die nachfolgende Abgasreinigungsanlage nicht zu groß wird.

7.1 Abgasreinigung beim Ottomotor

Bei Ottomotoren minimiert man die Entstehung von Schadstoffen durch die Wahl eines geeigneten Zündzeitpunktes, eines optimalen Turbulenzniveaus im Zylinder und durch ein stöchiometrisches Gemisch. Die dann noch vorhandenen Schadstoffe werden nach dem Zylinder in einem sogenannten 3-Wege-Katalysator in CO_2, H_2O und Stickstoff (N_2) umgewandelt. Abb. 7.1 zeigt, dass in Anwesenheit des Katalysators die Stickoxide ihren Sauerstoff an CO und an die HC-Verbindungen abgeben. Diese oxidieren zu den normalen Reaktionsprodukten Wasser und Kohlendioxid. Die Stickoxide verwandeln sich in unschädlichen Stickstoff.

Der 3-Wege-Katalysator (Eigentlich sollte man ihn 3-Komponenten-Katalysator nennen.) konvertiert die Schadstoffe nur dann weitgehend, wenn das Kraftstoff-Luft-Verhältnis exakt stöchiometrisch gehalten wird und wenn der Katalysator eine Temperatur von mindestens etwa 300 °C (Light-off-Temperatur) hat (Abb. 7.2). Nach dem Kaltstart eines Ottomotors ist das nicht der Fall. Deswegen versucht man bei modernen Ottomotoren, den Kaltstartvorgang so kurz wie möglich zu hal-

© Springer Fachmedien Wiesbaden GmbH 2017   113
K. Schreiner, *Verbrennungsmotor – kurz und bündig*,
https://doi.org/10.1007/978-3-658-19426-0_7

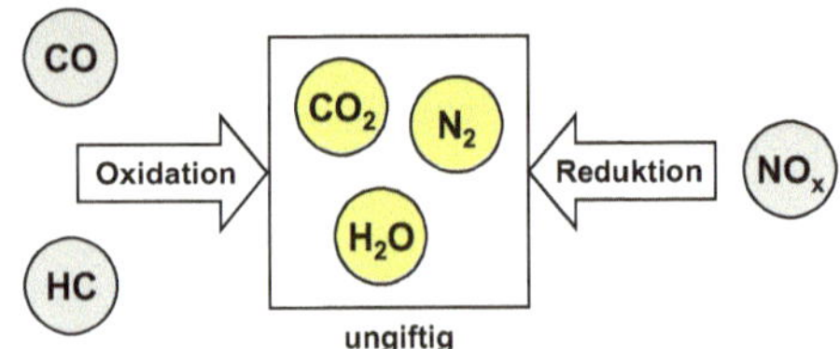

Abb. 7.1 Chemische Reaktionen im 3-Wege-Katalysator: Der Sauerstoff der Stickoxide NO_x wird zur Oxidation von CO und HC-Verbindungen verwendet

ten. Dazu verwendet man Kühlsysteme, die man elektronisch beeinflussen kann (vergleiche Abschn. 3.12). Beispielsweise wird das Kühlwasser erst dann durch Fahrtwind gekühlt, wenn es seine Betriebstemperatur erreicht hat. Oder man schaltet die Kühlwasserpumpe erst dann ein, wenn ein Kühlbedarf besteht. Oder man platziert den Katalysator möglichst nahe am Auslasskrümmer, damit der Weg und damit der Wärmeverlust vom Zylinder zum Katalysator klein wird.

Gerne wird auch eine Abgasrückführung (AGR oder EGR: Exhaust Gas Recirculation) durchgeführt. (Abb. 7.3 zeigt das an einem Dieselmotor. Bei Ottomotoren sieht das im Prinzip genauso aus.) Bei dieser mischt man einen Teil der Abgase in die angesaugte Frischluft und führt sie erneut in den Brennraum. In der so verdünnten Luft werden weniger Stickoxide gebildet. Häufig wird das rückgeführte Abgas zuvor noch gekühlt, um die angesaugte Luft nicht unnötig aufzuheizen.

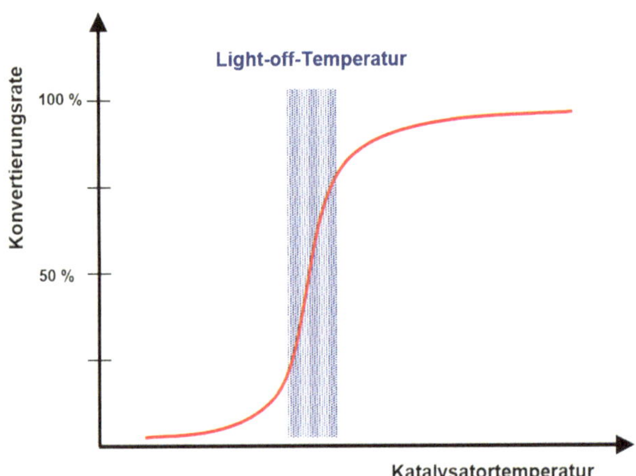

Abb. 7.2 Konvertierungsrate eines Katalysator in Abhängigkeit von der Temperatur: Nur bei Temperaturen oberhalb der Light-off-Temperatur (ca. 300 °C) beseitigt der Katalysator einen großen Teil der Schadstoffe

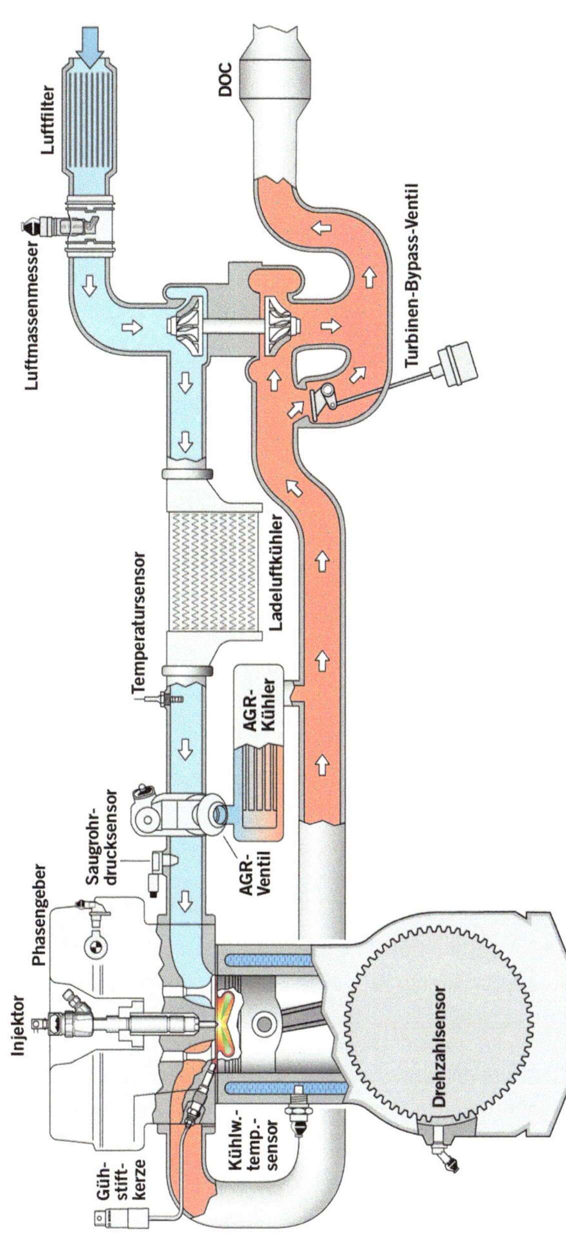

Abb. 7.3 Turboaufgeladener Dieselmotor mit Hochdruck-Abgasrückführung [Zimmermann et al. (2015)]

Bislang wurde meistens eine sogenannte Hochdruck-Abgasrückführung realisiert. Bei dieser entnimmt man das Abgas unmittelbar nach dem Zylinder und mischt es der Frischluft unmittelbar vor dem Zylinder bei. Diese sehr einfache Methode hat den Nachteil, dass Luft und Abgas nur wenig Zeit für eine homogene Vermischung haben. Deswegen kann man nur Abgasrückführraten von maximal etwa 40 % realisieren. Besonders problematisch ist die Hochdruck-Abgasrückführung bei turboaufgeladenen Motoren (vergleiche Kap. 6 und 9). Ein gut ausgelegter Turbolader stellt einen hohen Ladedruck bei wenig Abgasgegendruck bereit. Die Hochdruck-Abgasrückführung benötigt aber ein gerade umgekehrtes Druckgefälle, damit sie von alleine funktioniert. Deswegen werden moderne Euro-6-Motoren zunehmend (häufig zusätzlich) mit einer Niederdruck-Abgasrückführung ausgeführt. (Abb. 9.1 zeigt das an einem Dieselmotor.) Bei dieser entnimmt man das Abgas dem Auspuff und mischt es nach dem Luftfilter der Ansaugluft bei. Hier stimmt das Druckgefälle und es gibt auch eine lange Mischstrecke über Verdichter und Ladeluftkühler bis hin zu den Zylindern. Allerdings benötigt dieser lange Weg auch entsprechend viel Reaktionszeit, sodass diese Methode nicht schnell auf Änderungen des Motorbetriebspunktes reagieren kann.

7.2 Abgasreinigung beim Dieselmotor

Beim Dieselmotor minimiert man die Schadstoffentstehung im Zylinder durch eine sorgfältig Abstimmung der Kolbenmuldengeometrie, des Einspritzdruckes und des -einspritzverlaufs sowie der Einspritzstrahlen (Anzahl, Spritzwinkel, Einspritzlochdurchmesser) und der Turbulenzen im Brennraum. Diese Brennverfahrensabstimmung ist ein sehr aufwendiger Prozess.

Beim Dieselmotor ist die Abgasreinigung wesentlich komplizierter als beim Ottomotor. Die Komponenten CO und HC kann man zwar mit einem Oxidationskatalysator (Oxikat) recht einfach zu ungiftigen Endprodukten konvertieren. Anders sieht es bei den Rußpartikeln und den Stickoxiden aus.

Moderne Motoren beseitigen den Ruß in einem sogenannten Dieselpartikelfilter (DPF, auch Rußfilter genannt) (vergleiche Abb. 7.4). Der DPF hält den Ruß zurück, muss aber öfter gereinigt werden. Dieser Reinigungsvorgang ist sehr einfach, wenn der DPF eine Mindesttemperatur von 600 °C erreicht. Diese wird im Stadtverkehr aber bei Weitem nicht erreicht. Lediglich bei schneller Autobahnfahrt kann man eine derart hohe Abgastemperatur erreichen. Damit der Dieselpartikelfilter trotzdem beispielsweise auch im Stadtverkehr gereinigt werden kann, verwendet man verschiedene innermotorische Methoden. Für alle gilt, dass dabei die Verbrennung im Motor verschlechtert wird. Das führt dann zu einer hohen Abgastemperatur,

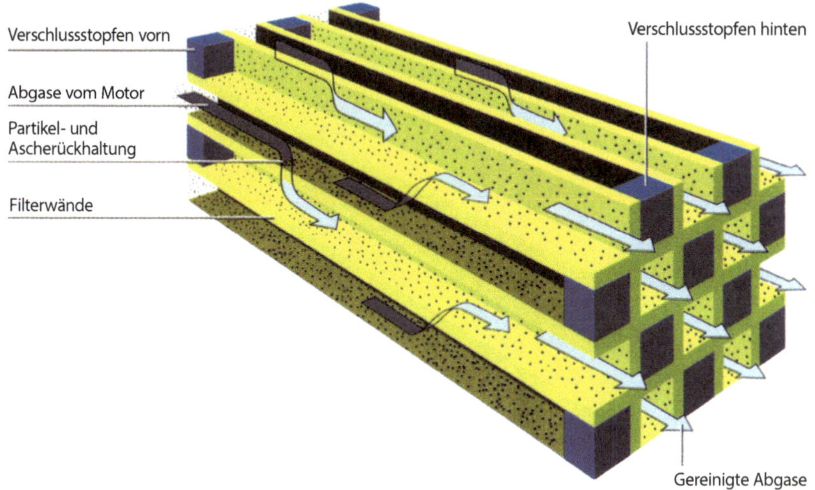

Abb. 7.4   Rußfilter mit einseitig verschlossenen Röhren: Beim Durchtritt durch die poröse Wand werden die Rußpartikel zurückgehalten [Robert Bosch GmbH]

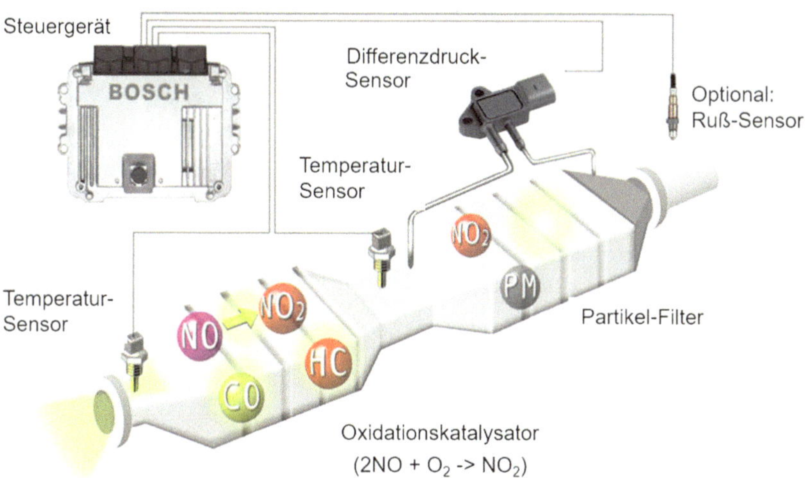

Abb. 7.5   Rußfilter mit vorgeschaltetem Oxidationskatalysator: Dort wird NO_2 gebildet, das im Rußfilter gleich wieder zerfällt und Sauerstoff für die Oxidation des Rußes freisetzt [Robert Bosch GmbH]

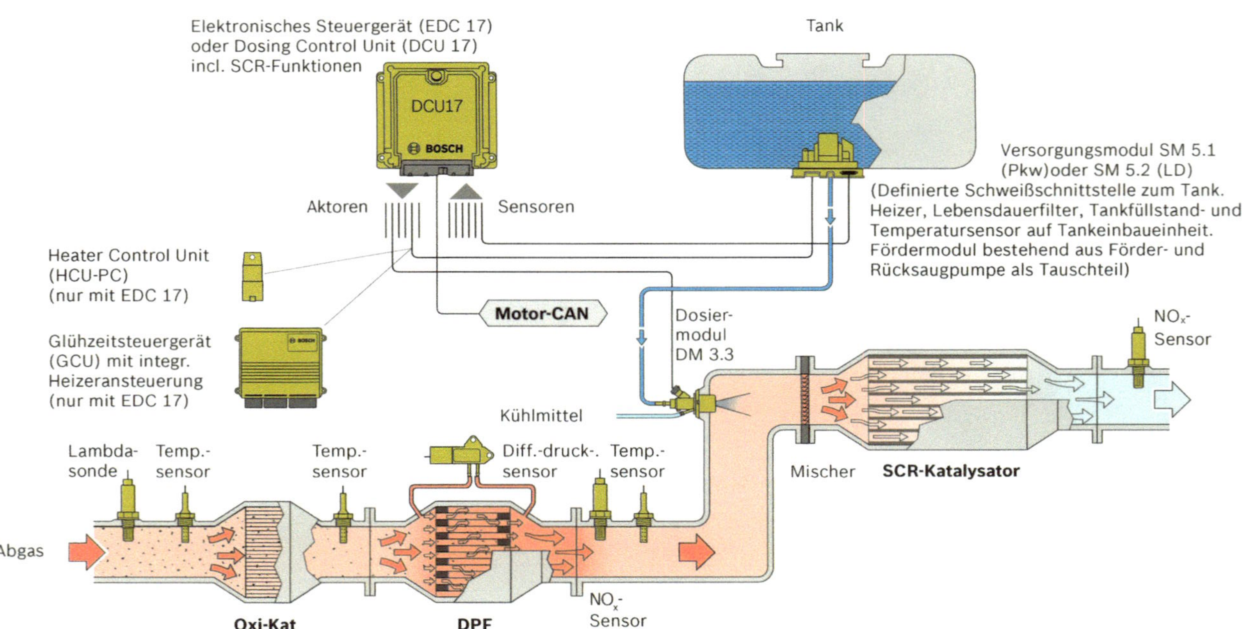

Abb. 7.6   SCR-Technik zur Beseitigung der Stickoxide im Abgas [Robert Bosch GmbH]

aber auch zu einem deutlich erhöhten Kraftstoffverbrauch. Bei manchen Motoren wird zusätzlich nochmals Dieselkraftstoff in das Abgassystem eingespritzt. Dieser Kraftstoff verbrennt ähnlich wie in einer Ölheizung und erwärmt den Partikelfilter. Zuweilen wird auch ein Oxidationskatalysator vorgeschaltet (vergleiche Abb. 7.5), in dem Stickstoffmonoxid (NO) zu Stickstoffdioxid (NO_2) oxidiert wird. Dieses zerfällt sofort wieder und setzt im DPF Sauerstoff frei, der dann den Ruß oxidiert.

Wegen der großen Fülle von DPF-Regenerationsmöglichkeiten kann man vermuten, dass die optimale Methode wohl noch nicht gefunden wurde.

Die Stickoxide verringert man wie beim Ottomotor mit Abgasrückführung (vergleiche Abschn. 7.1), mit einem NO_x-Speicherkatalysator oder mit der sogenannten SCR-Technik. Der NO_x-Speicherkatalysator sammelt (ähnlich wie der Rußfilter) die Stickoxide und muss von Zeit zu Zeit gereinigt werden. Dazu betreibt man den Verbrennungsmotor sehr fett. Bei der selektiven katalytischen Reduktion (SCR) (vergleiche Abb. 7.6) wird dem Abgas eine wässrige Harnstofflösung (Handelsname AdBlue) zugemischt. Diese zersetzt sich in Ammoniak, welches die Stickoxide reduziert. Die SCR-Technik ist sehr aufwendig und teuer. Wenn sie aber einmal in einem Fahrzeug installiert ist, dann kann man mit viel AdBlue auch viel Stickoxid beseitigen. Heutige Motoren werden im Allgemeinen verbrennungsmäßig schlecht eingestellt, damit nicht viele Stickoxide entstehen. Das führt dann zu einem erhöhten Kraftstoffverbrauch und auch zu einer erhöhten Rußentstehung. Bei Verwendung der SCR-Technik kann man den Motor wieder sauber und sparsam einstellen. Die dabei entstehende große Stickoxidmenge wird mit entsprechend viel AdBlue gereinigt. Der AdBlue-Tank muss aber öfter aufgefüllt werden. Spediteure haben die Erfahrung gemacht, dass die Mehrkosten für AdBlue nicht so hoch sind wie die Kraftstoffersparnis. Das SCR-System lohnt sich also auch finanziell. Bei Pkw sieht die ökonomische Bilanz nicht so gut aus, weil Pkw deutlich weniger Kilometer fahren (ca. 200.000 km) als Lkw (ca. 1.000.000 km) und sich so die Investitionskosten beim Pkw nicht amortisieren. Dennoch bieten Pkw-Hersteller zunehmend SCR-Systeme an, weil sich so der Zielkonflikt zwischen niedrigen NOx-Emissionen und niedrigen Kraftstoffverbräuchen entschärfen lässt.

Alternative Kraftstoffe $\qquad$ 8

Die meisten modernen Motoren werden mit Otto- oder Dieselkraftstoff betrieben. Alternativ dazu kann man als Kraftstoff beispielsweise Erdgas, Flüssiggas oder Biokraftstoffe (zum Beispiel Bio-Ethanol, Bio-Diesel oder reines Pflanzenöl) verwenden.

Der große Vorteil von Gasen besteht darin, dass sie sich besser als Flüssigkeiten mit Luft vermischen lassen. Dadurch entstehen weniger Schadstoffkomponenten im Abgas. Der Nachteil von Gasen ist, dass sie im Tank mehr Platz für den gleichen Energieinhalt benötigen als Flüssigkeiten.

Flüssiggas ist ein Gemisch aus Propan und Butan. Es wird auch als Autogas, Campinggas oder LPG (Liquified Petrol Gas) bezeichnet und befindet sich beispielsweise in Gasfeuerzeugen. Flüssiggas wird bei einem nur kleinen Überdruck gespeichert. Deswegen ist die Anfertigung von Tanksystemen auch unproblematisch. Im Nachrüstbereich gibt es Flüssiggastanks, die die Form eines Reserverads haben und an der entsprechenden Stelle im Kofferraum eingebaut werden. Flüssiggas ist schwerer als Luft. Deswegen sammelt es sich bei einer Leckage am tiefsten Punkt, weswegen besondere Sicherheitsrichtlinien beachtet werden müssen. Flüssiggas ist ein Produkt der Erdölraffinerie. Deswegen ist Flüssiggas auch kein alternativer Energieträger, mit dem man die Erdölvorräte schonen könnte.

Erdgas besteht fast vollständig aus Methan. Es wird in Druckgasbehältern bei einem Druck von ca. 200 bar gespeichert. Das erfordert besondere konstruktive Maßnahmen. Erdgastanks sind entweder aus Stahl und damit sehr schwer. Oder sie sind aus einem Verbundmaterial (zum Beispiel innen Aluminium und außen faserverstärkter Kunststoff) und damit teuer. Trotz des hohen Drucks benötigt Erdgas bei gleicher Energiemenge etwa das vierfache Volumen von flüssigen Kraftstoffen. Damit nimmt es im Fahrzeug wertvollen Raum weg.

Da Flüssiggas und insbesondere Erdgas ein günstigeres Wasserstoff-Kohlenstoff-Verhältnis als Benzin und Diesel aufweisen, entsteht bei der Verbrennung dieser Gase weniger Kohlendioxid und mehr Wasser als bei der Verbrennung von

© Springer Fachmedien Wiesbaden GmbH 2017

K. Schreiner, *Verbrennungsmotor – kurz und bündig*,

https://doi.org/10.1007/978-3-658-19426-0_8

flüssigen Kraftstoffen. Da in der Europäischen Union die CO_2-Emissionen von Fahrzeugen immer wichtiger werden, haben Autohersteller ein großes Interesse daran, möglichst viele Gasfahrzeuge zu verkaufen. Denn dadurch sinkt der Flottenverbrauch hinsichtlich der CO_2-Emissionen.

Im ersten Jahrzehnt dieses Jahrhunderts hat die Europäische Union den Einsatz von Biokraftstoffen sehr begünstigt. Der Grund liegt im sogenannten (nahezu) geschlossenen CO_2-Kreislauf: Das CO_2, das bei der Verbrennung im Fahrzeug entsteht, hat die Pflanze während ihres Wachstums über die Fotosynthese der Luft entnommen. Lediglich bei der Bewirtschaftung der Felder und der Herstellung der Kraftstoffe aus der Biomasse entsteht etwas zusätzliches Kohlendioxid. Insofern könnten Biokraftstoffe helfen, die CO_2-Emissionen deutlich zu senken. Allerdings stehen die für Biokraftstoffe benötigten Pflanzen immer in Konkurrenz zu Lebensmitteln. Denn letztlich können Ackerflächen nur einmal verwendet werden: entweder energetisch (zum Beispiel für Biokraftstoffe oder Holz zum Heizen), stofflich (zum Beispiel für Holz für den Möbelbau) oder für Nahrungsmittel. Insbesondere dort, wo man die biologische Grundlage der Biokraftstoffe auch essen könnte (Weizen, Mais, Raps), ist es zu einem Preis-Konkurrenzkampf gekommen. Denn die Kraftstoffindustrie ist eher bereit, hohe Preise für diese Rohstoffe zu bezahlen, als es hungrige Menschen können. Das alles spricht nicht gegen den Einsatz von Biokraftstoffen, wohl aber für eine sinnvolle Regulierung, sodass die Nahrungsmittelpreise nicht unnötig steigen.

In den letzten Jahren hat man sich zunehmend mit sogenannten synthetischen Kraftstoffen beschäftigt. Das sind flüssige Kraftstoffe, die in chemischen Anlagen aus einem Synthesegas hergestellt werden. Dieses Synthesegas kann Erdgas, Biogas oder auch ein Gemisch aus Wasserstoff und Kohlendioxid sein. Der Vorteil dieser Kraftstoffe liegt darin, dass man den Syntheseprozess genau steuern und so die Zusammensetzung der flüssigen Kraftstoffe festlegen kann. Damit kann man High-Tech-Kraftstoffe mit genau spezifizierten Eigenschaften herstellen. Allerdings ist dieser chemische Prozess so teuer, dass er sich bei den heutigen niedrigen Rohölpreisen finanziell noch nicht lohnt. Die Mineralölindustrie hat aber erste chemische Anlagen in der Nähe von Erdölförderstellen gebaut. Dort nutzen sie das Erdgas, das bei der Förderung von Erdöl in großen Mengen an die Erdoberfläche tritt und bislang ungenutzt abgefackelt wird.

Mit der Power-to-Gas-Technik könnte man eine Verbindung zwischen Straßenverkehr und regenerativer Stromproduktion schaffen. Moderne Fotovoltaik- oder Windkraftanlagen liefern je nach Wetter und Tageszeit zuweilen Strom, für den es keinen Verbraucher gibt. Eine Stromspeicherung ist extrem aufwendig und teuer. In der Power-to-Gas-Technik wird dieser Strom dazu verwendet, um mit Hilfe von Elektrolyse Wasser in die Komponenten Wasserstoff und Sauerstoff zu zerle-

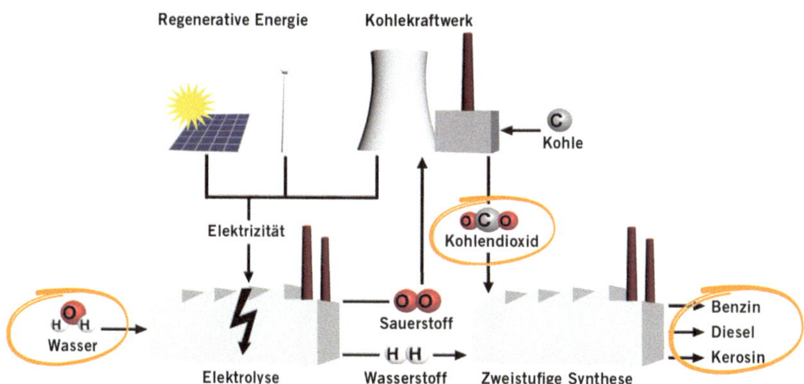

Abb. 8.1 Beim CWtL-Prozess wird überschüssiger Strom dazu verwendet, flüssige Kraft-stoffe synthetisch herzustellen [Maus et al. (2012)]

gen. Den Wasserstoff könnte man gemeinsam mit Kohlendioxid aus der Luft zu Methan reagieren lassen. Dieser Prozess ist sehr attraktiv, momentan aber noch zu teuer. Gleiches gilt für den CWtL-Prozess (Carbon-Dioxide-and-Water-to-Liquid), bei dem flüssiger Kraftstoff synthetisch hergestellt wird (vergleiche Abb. 8.1).

Motorelektronik 9

Die hohen Anforderungen an moderne Verbrennungsmotoren bezüglich Emissionen, Kraftstoffverbrauch und Leistung lassen sich ohne den Einsatz von Motorsteuergeräten nicht erfüllen. Abb. 9.1 zeigt beispielhaft den großen Umfang an Sensoren und Aktoren bei einem High-end-Dieselmotor. Es handelt sich dabei um einen zweistufig aufgeladenen (vergleiche Kap. 6) Dieselmotor mit Hoch- und Niederdruck-Abgasrückführung, Dieselpartikelfilter und SCR-Technik (vergleiche Kap. 7).

Die Motorelektronik (Engine Control Unit – ECU) hat die Aufgabe, in jedem Betriebspunkt des Verbrennungsmotors alle Aktoren so anzusteuern, dass der Motor optimal läuft. Dazu werden Betriebsinformationen über den Ist-Zustand des Motors (Sensorwerte) und Strategien (Funktionen in der ECU-Software) für die Festlegung der Aktorsignale benötigt. Im Folgenden werden einige wenige Details näher vorgestellt. Umfangreiche Informationen sind den Büchern (Basshuysen und Schäfer, 2015; Braess und Seiffert, 2013) und (Reif, 2014) zu entnehmen.

Man kann in Abb. 9.1 deutlich den Drehzahlsensor erkennen. Dieser informiert die ECU über die aktuelle Position der Kurbelwelle. Bei diesem Drehzahlsensor handelt es sich um eine Zahnscheibe mit beispielsweise 60 Zähnen, wobei zwei davon fehlen (Abb. 9.2). Der induktive Sensor erkennt die Zahnflanken und sendet so alle 6°KW ein Signal an die ECU. Die große Zahnlücke dient zur Identifizierung beispielsweise des oberen Totpunktes des 1. Zylinders. Da beim 4-Takt-Motor der OT sowohl während der Verbrennung als auch während des Ladungswechsels auftritt, wird ein zweiter Sensor an der mit halber Motordrehzahl rotierenden Nockenwelle benötigt (Phasengeber). Dieser kann zwischen diesen beiden Totpunkten unterscheiden. Mit dieser Kenntnis kann die ECU den Kraftstoff zum richtigen Zeitpunkt über die Injektoren einspritzen.

Bei modernen Motoren ist es notwendig, dass alle Zylinder gleichmäßig arbeiten. Nur so können eine bestmögliche Laufruhe, minimale Schadstoffemissionen und eine lange Haltbarkeit gewährleistet werden. Da es üblicherweise in Fahr-

© Springer Fachmedien Wiesbaden GmbH 2017
K. Schreiner, *Verbrennungsmotor – kurz und bündig*,
https://doi.org/10.1007/978-3-658-19426-0_9

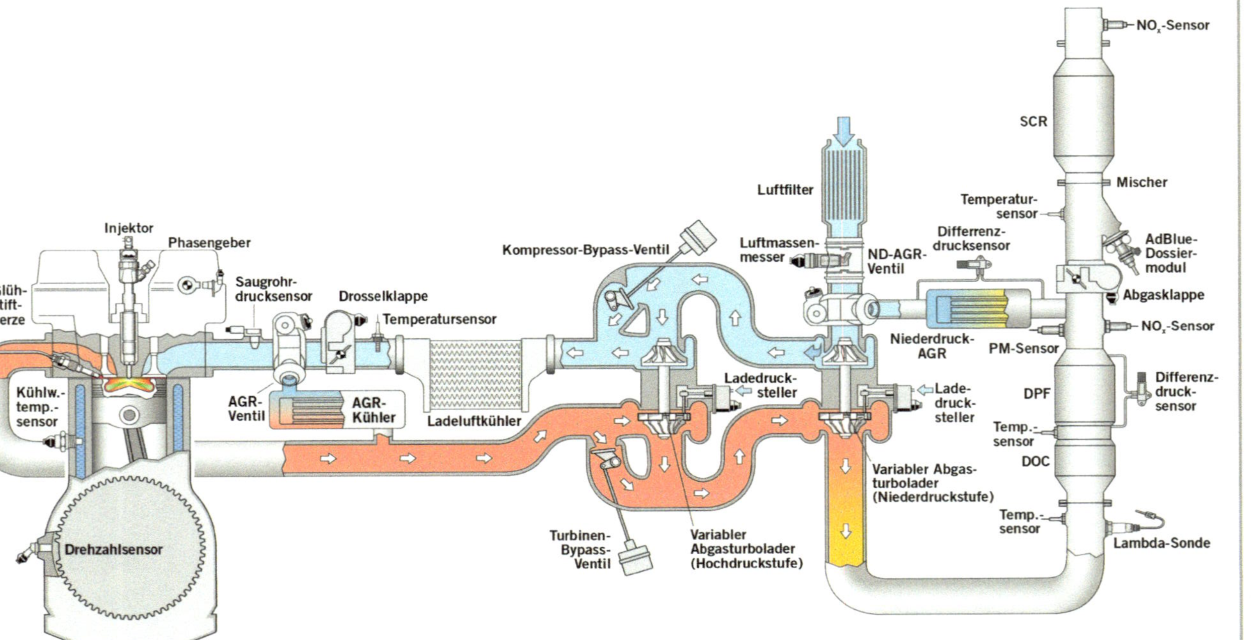

Abb. 9.1 Sensoren und Aktoren an einem High-end-Dieselmotor mit zweistufiger Aufladung, variabler Turbinengeometrie, Ladeluftkühler, Hochdruck- und Niederdruck-AGR sowie AGR-Ventilen [Zimmermann et al. (2015)]

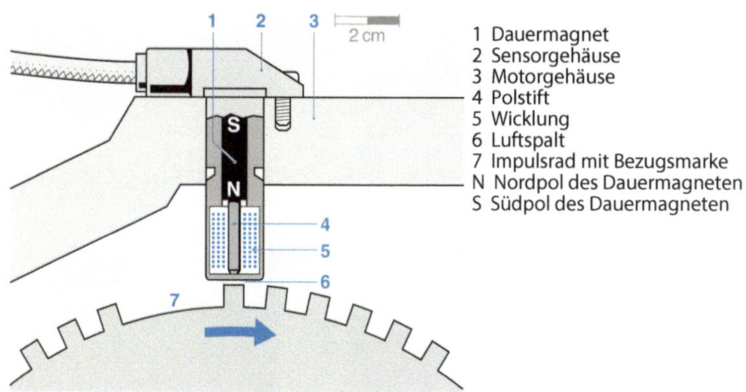

Abb. 9.2 Induktiver Drehzahlgeber [Reif (2015b)]

zeugen keine zylinderspezifischen Sensoren gibt, versucht die ECU, aus dem Drehwinkelsignal auf die gleichmäßige Drehmomententfaltung der Zylinder zu schließen. Immer dann, wenn in einem Zylinder die Verbrennung stattfindet, steigt die Motordrehzahl geringfügig an. Durch die Beobachtung dieses Signals können beispielsweise auch Zündaussetzer erkannt werden. Bei modernen Euro-6-Dieselmotoren werden teilweise Zylinderdrucksensoren in den Zylinderkopf eingebaut. Diese Messtechnik (Zylinderdruckindizierung) ist von Versuchsmotoren her bekannt. Ein Quarzdruckaufnehmer sitzt so im Zylinderkopf, dass er Zugang zum Brennraum hat und dadurch den Druckverlauf in Abhängigkeit vom Kurbelwinkel misst. Diese Prüfstandsmesstechnik ist sehr teuer und kann in Serienmotoren nicht verwendet werden. Neuerdings gibt es aber einfachere Zylinderdruckaufnehmer (Abb. 9.3), die in die Glühstiftkerzen des Dieselmotors integriert sind und so den Druck in jedem Zylinder messen.

In Abb. 9.1 ist auch eine Drosselklappe zwischen Ladeluftkühler und Zylinder zu erkennen. Nachdem im Abschn. 1.6.5 erklärt wurde, dass die Drosselklappe beim Ottomotor für den schlechten Wirkungsgrad im Teillastgebiet mit verantwortlich ist, wundert es, dass auch Dieselmotoren neuerdings über eine Drosselklappe verfügen. Diese dient dazu, die Hochdruckabgasrückführung (vergleiche Kap. 7) zu ermöglichen. Wenn nämlich der Turbolader optimal arbeitet, dann erzeugt er mehr Ladedruck, als er Abgasdruck vor der Turbine aufstaut. Dann ist aber aufgrund des falschen Druckgefälles keine Abgasrückführung mehr möglich. In diesem Fall vernichtet die Drosselklappe einen Teil des Ladedrucks, um die HD-AGR

Abb. 9.3 Die intelligente Drucksensor-Glühkerze PSG von Beru misst während des Motorbetriebs den zeitlichen Verlauf des Druckes im Zylinder. Damit kann die Motorelektronik die Verbrennung im Zylinder beurteilen [Federal-Mogul Motorparts]

zu ermöglichen. Dies ist ein Beispiel dafür, dass Maßnahmen zur Emissionsreduzierung (hier: NO_x) zu einem Mehrverbrauch führen können.

Ein Chip-Tuner könnte auf die Idee kommen, die Abgasrückführung stillzulegen, indem er die beiden AGR-Ventile blockiert. In diesem Fall würden der Kraftstoffverbrauch sinken und die NO_x-Emissionen steigen, was man aber nicht erkennen oder einfach messen kann. Um Manipulationen wie diese zu entdecken, ist in der Motorelektronik die sogenannte On-Board-Diagnose (OBD) enthalten. Diese hat die Aufgabe, alle emissionsrelevanten Bauteile zu überwachen. Wenn alle Komponenten noch so wie im Originalzustand funktionieren, dann werden wohl auch die im Betrieb nicht mehr messbaren Schadstoffemissionen in Ordnung sein. Wenn die OBD Fehlfunktionen, Schäden oder Manipulationen erkennt, greift sie zu entsprechenden Maßnahmen. Im einfachsten Fall erfolgt ein Eintrag im Fehlerspeicher der ECU. Beim nächsten Kundendienst wird dieser ausgelesen und entsprechende Reparaturen sind möglich. Wenn die Probleme größer sind, informiert die OBD den Fahrer über die Diagnose-Kontrollleuchte und bittet ihn, eine Werkstatt aufzusuchen. Bei schwerwiegenden Problemen fährt die OBD den Motor in einen Notbetrieb mit reduzierter Motorleistung oder legt ihn komplett still. Der Fahrer wird dann „freiwillig" eine Werkstatt aufsuchen.

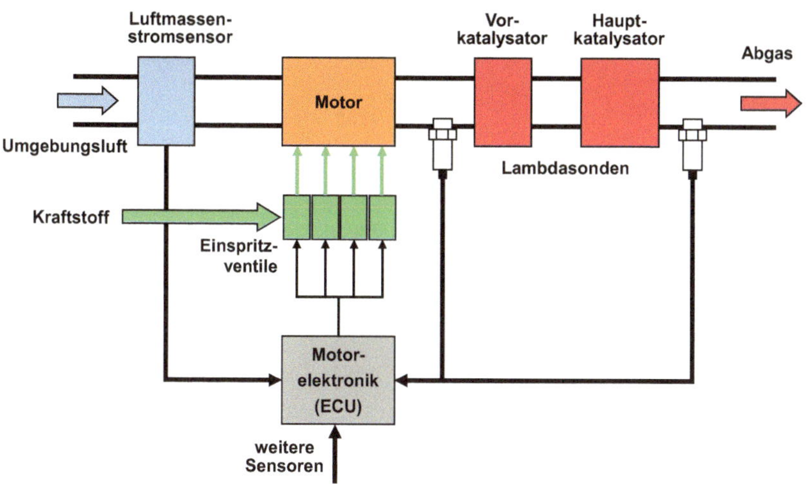

Abb. 9.4 Lambda-Regelung beim Ottomotor

Der 3-Wege-Katalysator des Ottomotors verlangt, dass die Verbrennung genau bei einem Luftverhältnis $\lambda = 1$ abläuft. Dazu misst die Motorelektronik mithilfe eines Luftmassenmessers den Luftmassenstrom, der sich aufgrund der Position der Drosselklappe ergibt (vergleiche Abb. 9.4). Aus diesem Luftmassenstrom wird unter Verwendung der Mindestluftmenge die benötigte Kraftstoffmenge berechnet. Aus dem Kennfeld der Einspritzdüse ergibt sich dann eine Einspritzzeitdauer. Nach der Verbrennung misst eine Lambdasonde im Abgasstrom nach den Zylindern, ob das Luftverhältnis wirklich genau auf dem Wert Eins lag. Wenn das Luftverhältnis nicht genau dem Sollwert entspricht, reagiert die ECU unmittelbar und ändert im nächsten Arbeitsspiel die Einspritzzeitdauer und damit die Einspritzmenge. Die im Bild dargestellte zweite Lambdasonde überwacht übrigens die Wirksamkeit des 3-Wege-Katalysators. Das ist eine wichtige Kontrolle im Rahmen der On-Board-Diagnose.

Moderne Abgasnachbehandlungsanlagen müssen von Zeit zu Zeit regeneriert werden. Beispielsweise muss der Dieselpartikelfilter je nach Beladungszustand gelegentlich auf eine Regenerationstemperatur von 600 °C gebracht werden. Wenn der Fahrer nicht gerade sehr schnell auf der Autobahn fährt, liegen die Abgastemperaturen moderner Dieselmotoren deutlich niedriger. Die Motorelektronik muss dann in den Verbrennungsprozess eingreifen und die Abgastemperatur künstlich erhöhen. Das geschieht beispielsweise durch eine Nacheinspritzung von zu-

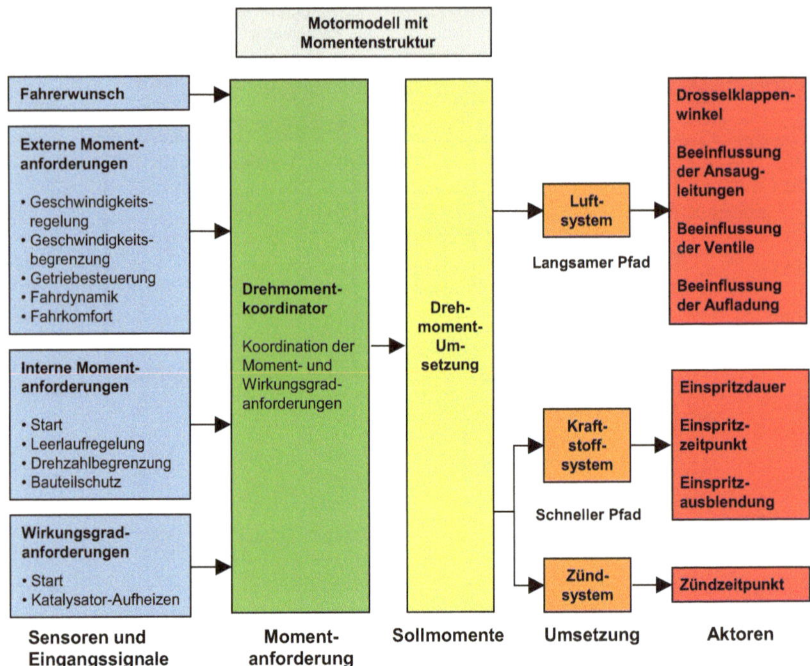

Abb. 9.5 Drehmomentbasierte Systemstruktur der Motorelektronik: Die ECU „denkt" in Motormoment und stellt die Aktor-Signale so ein, dass nach Möglichkeit der Fahrwunsch erfüllt wird [nach Reif (2015b) und Reif (2014)]

sätzlichem Kraftstoff. Diese darf aber nicht zu einer Änderung des vom Fahrer gewünschten Drehmoments führen. Sonst würde das Fahrzeug seine Fahrweise ändern. Die moderne Motorelektronik „denkt" deswegen in Motordrehmoment (vergleiche Abb. 9.5). Sie interpretiert die Fahrpedalstellung im Fahrzeug als Drehmomentwunsch des Fahrers. Sie berücksichtigt aber auch weitere Anforderungen, die sich beispielsweise aus der Fahrdynamik, dem Bauteilschutz oder dem Kaltstartverhalten ergeben. Wenn die Motorelektronik so in den Prozess eingreift, dass sich das für den Fahrer spürbare effektive Drehmoment des Motors ändern würde, dann berücksichtigt sie das durch aufwendige Kompensationsberechnungen. Diese drehmomentenbasierte Denkweise der Motorelektronik erfordert ein sogenanntes elektronisches Fahrpedal (E-Gas), das den Wunsch des Fahrers aufnimmt, aber nicht unmittelbar in den Motorbetrieb eingreift.

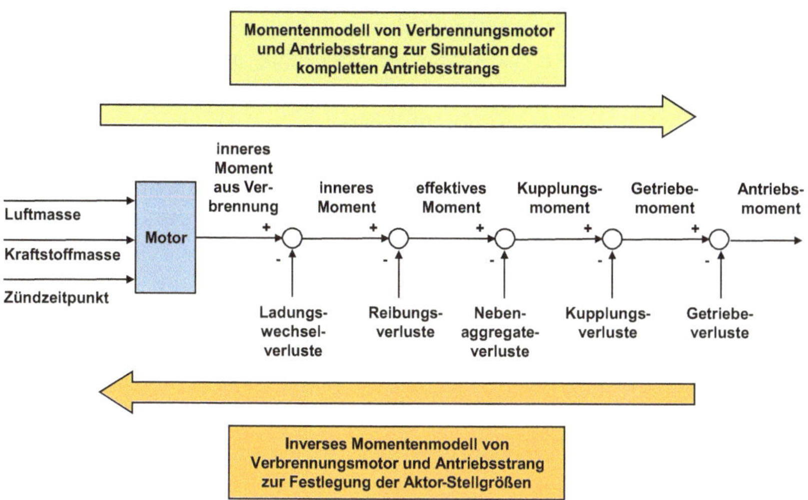

Abb. 9.6 Die ECU modelliert den kompletten Antriebsstrang momentenbasiert. Wenn man von links nach rechts (vorwärts) denkt, dann kann man aus den Aktorsignalen das Antriebsmoment berechnen. Wenn man von rechts nach links (rückwärts) denkt, dann kann man die zum Wunschdrehmoment passenden Aktorsignale ermitteln [nach Reif (2015c) und Reif (2014)]

Bei Ottomotoren gibt es mehrere Möglichkeiten, um das Wunschdrehmoment am Motor einzustellen. Üblicherweise öffnet die ECU die Drosselklappe entsprechend weit und die Einspritzung spritzt so viel Kraftstoff ein, dass sich ein stöchiometrisches Gemisch ergibt. Man könnte aber auch bei zu weit geöffneter Drosselklappe und dadurch zu viel Motordrehmoment das Drehmoment wieder absenken, indem man die Verbrennung verschlechtert. Das geschieht durch einen zu späten Zündzeitpunkt (vergleiche Abschn. 1.7.1). Natürlich hat der Motor dann einen schlechten Kraftstoffverbrauch. Der Vorteil dieser Maßnahme liegt aber darin, dass der Verbrennungsmotor auf diese Momentenrücknahme durch einen verspäteten Zündzeitpunkt unmittelbar und schnell reagiert (sogenannter „schneller Pfad", vergleiche Abb. 9.5). Die Beeinflussung des Drehmoments mit der Drosselklappe („langsamer Pfad") ist vergleichsweise träge. Denn der Zylinder „bemerkt" erst dann eine Änderung der Drosselklappenstellung, wenn das Saugrohr zwischen der Drosselklappe und dem Zylinder entsprechend entleert ist. Und das kann je nach Saugrohrvolumen mehrere Arbeitsspiele dauern. Diese träge Reaktion wird vom Fahrer gespürt.

Die momentenbasierte Struktur der Motorelektronik (vergleiche Abb. 9.6) wird in den kommenden Jahren eine noch größere Bedeutung als bisher haben. Bei Hybridfahrzeugen mit einem Verbrennungsmotor und einem Elektromotor kann man teilweise auswählen, ob das Wunschmoment durch den V-Motor oder durch den E-Motor bereitgestellt wird. Hierfür werden intelligente Programme in der Fahrzeugelektronik benötigt, die je nach Ladezustand der Batterie, Betriebstemperatur des Verbrennungsmotors, Fahrprofil und Fahrweise die verbrauchs- oder emissionsgünstigste Wahl treffen.

Literatur

Andert, J., Köhler, E., Niehues, J., Schürmann, G.: Range Extender von KPSG – Ein neuer Wegbereiter der Elektromobilität. MTZ **05** (2012)

Basshuysen, R., Schäfer, F.: Handbuch Verbrennungsmotor. Springer Vieweg, Wiesbaden (2015)

Becker, N.: Der neue 1,0-l-Dreizylinder-MPI-Motor für den up! ATZ extra – Der neue VW up! (2011)

Biba, S., Lang, H., Müller, P., Valecka, M.: Die Resonanzsauganlagen für die neuen 2,5- und 3-l-Ottomotoren von BMW. MTZ Juli/August (2006)

Bischoff, M., Eiglmeier, C., Werner, T., Zülch, S.: Der neue 3,0-l-TDI-Biturbomtor von Audi – Teil 2: Thermodynamik und Applikation. MTZ Februar (2012)

Braess, H.-H., Seiffert, U.: Vieweg Handbuch Kraftfahrzeugtechnik. Springer Vieweg, Wiesbaden (2013)

Damm, K., Pucher, K., Skiadas, A., Witt, M.: Sputterlager für hochaufgeladene Dieselmotoren. MTZ **05** (2015)

Eichler, F., Demmelbauer-Ebner, W., Persigehl, K., Wendt, W.: Der 1,0-l-Dreizylinder-TSI-Motor im modularen Baukasten von Volkswagen. MTZ **11** (2014)

Endres, H., Szengel, R., Metzner, T., Becker, N., Uphoff, K.: Der neue W12-6,0-l-Motor für den VW Phaeton. VW Phaeton – Sonderausgabe von ATZ und MTZ **07** (2002)

Flierl, R., Hosse, D., Temp, A., Werth, C.: Restgassteuerung am Verbrennungsmotor mit variablen Steuerzeiten durch Zusatzventilhub. MTZ **02** (2014)

Friedfeldt, R., Zenner, T., Ernst, R., Fraser, A.: Dreizylinder-Ottomotor mit Direkteinspritzung und Turboaufladung. MTZ **5** (2012)

Fröhlich, A., Riegger, R., Rossi, D., Streng, C.: Zweite Generation des 3,0-l-Dieselmotors. ATZ extra – Der neue Audi A6 **01** (2011)

Indra, F.: Zylinderabschaltung für alle Hubkolbenmotoren? MTZ **10** (2011)

Knirsch, S., Weiss, U., Fröhlich, A., Helbig, J.: Die neue V6-TDI-Motorengeneration von Audi. MTZ **09** (2014)

Köhler, E., Flierl, R.: Verbrennungsmotoren. Springer Vieweg, Wiesbaden (2011)

Krebs, R., Szengel, R., Middendorf, H., Fleiß, M., Laumann, A., Voeltz, S.: Neuer Ottomotor mit Direkteinspritzung und Doppelaufladung von Volkswagen – Teil 1: Konstruktive Gestaltung. MTZ **11** (2005)

Langen, P., Hall, W., Nefischer, P., Hiemsch, D.: Der neue zweistufig aufgeladene Sechszylinder-Dieselmotor im BMW 740D. MTZ **04** (2010)

© Springer Fachmedien Wiesbaden GmbH 2017
K. Schreiner, *Verbrennungsmotor – kurz und bündig*,
https://doi.org/10.1007/978-3-658-19426-0

MAHLE GmbH: Zylinderkomponenten – Eigenschaften, Anwendungen, Werkstoffe. Vieweg+Teubner, Wiesbaden (2009)

Mahle GmbH: Ventiltrieb – Systeme und Komponenten. Springer Vieweg, Wiesbaden (2013)

Maus, W., Jacob, E., Brück, R., Hirth, P.: Nachhaltigkeit verfügbarer Kraftstoffe – eine Fiktion? MTZ **06** (2012)

Merdes, N., Pätzold, R., Ramsperger, N., Lehmann, H.-G.: Die neuen R4-Ottomotoren M270 mit Turboaufladung. ATZ extra – Die neue A-Klasse von Mercedes-Benz (2012)

Merker, G. P., Teichmann, R.: Grundlagen Verbrennungsmotoren. Springer Vieweg, Wiesbaden (2014)

Neukirchner, H., Arnold, O., Dittmar, A., Kiesel, A.: Die Entwicklung von Massenausgleichseinrichtungen für Pkw-Motorem. MTZ Mai (2003)

Pischinger, S.: Entwicklung beim Pkw-Motor – spannender denn je. MTZ Jubiläumsausgabe (2014)

Pischinger, S.: Verbrennungskraftmaschinen I. RWTH Aachen, Aachen (2015)

Pischinger, S.: Verbrennungskraftmaschinen II. RWTH Aachen, Aachen (2015)

Reif, K.: Automobilelektronik – Eine Einführung für Ingenieure. Springer Vieweg, Wiesbaden (2014)

Reif, K.: Dieselmotor-Management kompakt. Springer Vieweg, Wiesbaden (2015)

Reif, K.: Motorsteuerung lernen – Elektronische Steuerung von Ottomotoren. Springer Vieweg, Wiesbaden (2015)

Reif, K.: Motorsteuerung lernen – Ottomotor-Management kompakt. Springer Vieweg, Wiesbaden (2015)

Reif, K.: Motorsteuerung lernen – Zündsysteme für Ottomotoren. Springer Vieweg, Wiesbaden (2015)

Schreiner, K.: Basiswissen Verbrennungsmotor. Springer Vieweg, Wiesbaden (2015)

Schwarz, R., Adolph, J.: Optimierung von Ölspritzdüsen zur Kolbenkühlung. MTZ März (2001)

Soltic, P.: Halbierung der PW CO_2 Emissionen bis 2025 – geht das? Vortrag auf der Tagung „CO_2-arme Treibstoffe der Zukunft", EMPA, Dübendorf (Schweiz), 28. Februar (2013)

Szengel, R., Middendorf, H., Möller, N., Bennecke, H.: Der modulare Ottomotorbaukasten von Volkswagen. MTZ **06** (2012)

Zimmermann, M., Bleile, T., Heiber, F., Henle, A.: Komplexitätsbeherrschung von Motorsteuerungs-Funktionalitäten. MTZ **01** (2015)

Züttel, A.: Storage of Renewable Energy by Reduction of CO2 with Hydrogen. Chimia **5**, 267 (2015)

Sachverzeichnis